植物与食物

邓兴旺　主编

商务印书馆
The Commercial Press
创于1897

商务印书馆（成都）有限责任公司出品

总　序

　　北京大学汇集全国各地青年才俊。我曾在北京大学生物系完成我的本科和硕士研究生学业。五年前我全职回国，进入北京大学进行植物生物学与农业生物技术的教学和科研工作。身在北京大学，我深切感受到年轻学子了解生命科学前沿知识的必要性。在这个知识和信息爆炸性增长、新技术层出不穷的时代，学科和专业的选择越来越丰富。这让我思考：植物生物学作为一门关乎人类与地球生态系统基本问题的学科，如何能吸引更多的学生呢？为此，我和本套丛书编委之一的李磊老师在北京大学开设了课程"舌尖上的植物学"，和丛书另一位编委钟上威老师开设了课程"植物与环境"。这些课程独辟蹊径，以讲故事的方式向北京大学各专业背景的本科学生传授植物生物学前沿知识和基本原理，取得了很好的效果。我深感有必要将这种传播知识的方式推广到北大校墙之外的整个社会，以激发更多青年才俊对植物生物学的兴趣，这就是我组织编写这套丛书的初衷。

在地球生物圈中，植物是不可不提的重要组成部分。它们固定栖息，借助阳光并利用空气中的二氧化碳以及土壤中的水分和无机物制造有机营养物质，供自身生长发育之用。在地球生命的演化过程中，陆生植物的出现是具有决定性意义的事件。植物的身体结构和发育过程随着对陆生生活的适应而逐渐复杂，出现了在形态结构上各具特色的器官，各种器官的功能特化使植物表现出千姿百态的生活习性，形成令人叹为观止的多样性。

植物不但是环境的适应者，更是环境的改造者。光合作用是地球生态系统中有机物和能量的最初来源，由此产生的氧气是所有需氧生物（包括人类）生存的基础。对于人类的生存和发展而言，植物更是起到了至关重要的作用。水稻、玉米和小麦等植物作为主粮供我们充饥果腹；水果、蔬菜和坚果为我们补充营养；植物提供的油料、香料和糖料等丰富了我们的味觉；植物的根系起到了固着土壤、防止水土流失的重要作用；木材和纤维可被用来制造家具与纸张；而花卉和观赏植物则可以美化环境，满足人们精神生活的需求。

虽然植物和我们的生活息息相关，但除了植物学专业的教学和研究人员以外，大多数人对植物的了解仅仅停留在对植物外部形态的简单认识上。而对于植物的组织结构，植物如何感受世界，植物怎样适应环境并改造环境，我们的粮食作物从何而来等植物生存演化的核心问题，相信大部分人都不甚了解。为此，我组织北京大学现代农学院和生命科学学院的李磊老师、钟上威老师、何光明老师和植物生物学专业的研究生、博士后们编写了这套丛书的前三册。在这三册书中，我们对这些问题进行了通俗的解答，希望能让每一位受过中学以上教育的国人，无论是否学过植物学相关专业，都能阅读并喜欢这套丛书，并从中了解生命科学的一些基本原理和前沿知识，进而了解我们身边的植物世界。

一个有知识的社会人，无论处于何种岗位，都应该对日常所见植物背后的科学道理有所了解。本丛书力求将复杂的植物学知识和前沿科技故事化、趣味化，并与我们的日常生活结合起来。我们争取让大家能够像阅读经典文学作品一样阅读科学书籍，让这套书成为有志向、有修养、想作为的人想读、爱读、必读之书。在内容上，该丛书尽量保持前沿性和准确性，不求全面，但求经典，以便读者更好地理解和欣赏。

本丛书前三册为《植物的身体》《植物私生活》《植物与食

物》，涉及植物从内到外的各个方面。编者在撰写过程中难免有考虑不周的地方，欢迎读者提出宝贵意见。此外，丛书出版后，我们还会不断对其进行延伸和补充。关于丛书后期续写的主题，也欢迎大家提出建议。

邓兴旺
于北京大学
2019年7月1日

前　言

　　人类的生息繁衍，文明的进步发展，离不开充足稳定的食物供给。植物是人类食物最重要的来源，提供热量以及蛋白质、维生素、矿物质、油脂、膳食纤维等营养素。对野生作物的栽培驯化和不同文明间的交流融合，造就了源远流长的文化传统与饮食习俗。而现代农业的发展，使得植物与每个人都利害攸关，关系到个体健康与社会可持续发展的方方面面。

　　全书共分为五章。第一章《能量源泉》介绍小麦、水稻、玉米、高粱、土豆及大豆等主要作物的驯化历史；第二章《健康动力》介绍青蒿、红豆杉、人参、枸杞、罗汉果等天然药用植物；第三章《百般滋味》和第四章《七彩纷呈》分别介绍与味觉和颜色相关的植物和植物学知识；第五章《技术变迁》介绍绿色革命、杂交育种、基因技术等20世纪农业技术方面的主要成就，并展望了未来农业科技革新的方向。本书沿用了丛书的一贯风格，内容多以小故事的形式展开，尽量避免使用过于专业的词语，以便于理解。

参与本书编写的人员包括：丁萌萌、万苗苗、王天新、王映、王智硕、左大庆、刘小冬、刘衍男、匡正、江安龙、庄严、李程、李军、李庆涛、杜键美、肖亮、张禾、张庭艳、何冰冰、杨彦芝、高照旭、贺元、郭仲龙、涂轶、潘加伟。万苗苗、张璐、吴扬为本书绘制了部分插图。须要特别指出的是，张禾在本书的编写和出版协调方面付出了大量辛劳。

最后，感谢商务印书馆大力支持本套丛书的出版。由于丛晓眉女士、陈涛先生高效而精心的工作，丛书得以付梓，在此致以诚挚谢忱！

编委会：邓兴旺

李磊（执行主编）

钟上威

何光明

目　录

第一章　能量源泉

第二章　健康动力

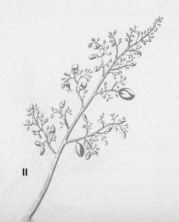

第三章　百般滋味

第四章　七彩纷呈

第五章　技术变迁

第一章

能量源泉

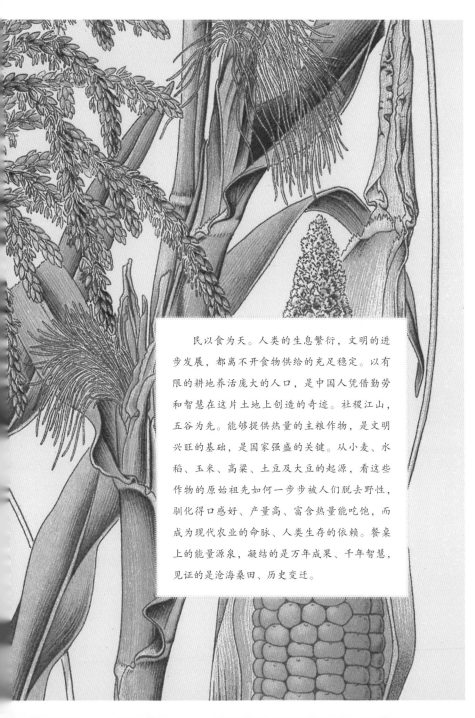

民以食为天。人类的生息繁衍，文明的进步发展，都离不开食物供给的充足稳定。以有限的耕地养活庞大的人口，是中国人凭借勤劳和智慧在这片土地上创造的奇迹。社稷江山，五谷为先。能够提供热量的主粮作物，是文明兴旺的基础，是国家强盛的关键。从小麦、水稻、玉米、高粱、土豆及大豆的起源，看这些作物的原始祖先如何一步步被人们脱去野性，驯化得口感好、产量高、富含热量能吃饱，而成为现代农业的命脉、人类生存的依赖。餐桌上的能量源泉，凝结的是万年成果、千年智慧，见证的是沧海桑田、历史变迁。

万年变奏曲

　　小麦（*Triticum aestivum*）是世界各地广泛种植的一种禾本科植物，颖果富含淀粉，能够提供人体需要的热量，目前全世界约有40％的人口以小麦为主粮。小麦和水稻这一对"小伙伴"是我国南北方美食大战当中的绝对主力，在我们的祖先开始将小麦研磨成面粉食用后，广袤的中华大地上就多了一种千变万化的美味——面食。我国面食小吃历史悠久，诞生了众多国人耳熟能详的明星食品：北京炸酱面、陕西臊子面、武汉热干面、山西刀削面、四川担担面、郑州烩面、兰州拉面、上海阳春面、广州云吞面……

　　小麦作为食物受到人们的青睐，首先是因为与其他谷物类的食物相比，面食口感细腻，味道香美。其次是因为营养丰富，品性多样。小麦富含淀粉、蛋白质、脂肪、矿物质、微量元素以及维生素等。生长环境对不同的小麦品种影响都很大，例如生长在干旱地区的小麦蛋白质含量较高，面食筋道；生长在潮湿地区的小麦蛋白质含量较低，面食松软。不同的小麦品种在制作食物方面也有着较大的差异，例如普通小麦可以进行发面，制作馒头与面包，而二粒小麦是不能进行发面的。因此只有了解小麦的品性，做出来的面食才会可口。

在我国饮食文化的星空中闪耀了几十个世纪的小麦源于何处？这当中又发生了怎样的事件，让小麦从北到南征服了炎黄子孙的味蕾呢？考古学以及现代生物学的研究结果表明，在经过上万年的驯化后小麦才变成了如今的模样。小麦的驯化发展史可谓一部"万年变奏曲"。小麦很早就在我国各地广泛种植。甲骨文中有"告麦"一词，《诗经》中有对它的记载，《国风·鄘风·载驰》云"我行其野，芃芃其麦"，意思是"我在田野缓行，垄上麦子密布"。"鄘"是周代诸侯国国名，在今河南省汲县北，这说明早在周代我国就已经有了小麦种植。

在"民以食为天"的时代，人们只是根据古老的耕种经验以及一代代传承的传统智慧选育好的品种，并不知道其中的科学原理。目前全世界有关小麦的分子水平研究还处于初始阶段，这主要是由于小麦的基因组结构异常复杂。遗传学上，小麦属于异源六倍体。人是二倍体生物，有两套染色体组，而小麦是异源六倍体生物，有六套染色体组，而且是"异源"的——多倍体中不同的染色体组来源于不同的物种。（多倍体中的染色体组来源于相同物种的，叫作"同源多倍体"。）"异源六倍体"的小麦基因组极其复杂，并且来源于三个不同的物种，而这三个物种还有很近的亲缘关系，所以小麦的基因组不仅庞大而且重复性高，研究起来非常困难。如果将科学家比作听众，小麦的这首"万年变奏曲"就是一部复杂的大交响乐，且几经修改融合。探究小麦起源，就是辨识这部乐章最原始的音符。

这部大型变奏交响曲是如何谱成的呢？早在一个世纪之前，植物学家就根据对染色体的研究把小麦分成了一粒小麦、二粒小麦与普通小麦三种类型。早期的科研工作将染色体间亲缘性关系分析作为多倍体基因组的分析方法，随后单染色体的分析促进了小麦基因以及数量性状的研究。目前，国际上有专门的组织对小麦基因组进行研究，国际小麦基因组测序联盟于2014年在《科学》杂志发表了一系列关于小麦基因组的论文，不但公布了小麦基因组的最新序列信息，而且对小麦基因组测序的突破性新方法进行了介绍。由于小麦基因组庞大且重复性

小麦标本图

高，因此，通常采用分离单个染色体臂测序的方法将小麦基因组的研究转换成很多个小的单元，然后各个击破并最终整合成完整结果。

异源六倍体小麦有六套染色体组。现代广泛种植的六倍体小麦主要有两种，一种是普通系小麦（AABBDD），另外一种是茹科夫斯基系小麦（AABBGG）。这些字母代表了不同起源的染色体组。我们平时食用的是普通小麦，包含A、B、D染色体组。小麦的原始种经历了复杂的自然杂交、自然选择与人工驯化的过程，才形成了今天的普通小麦。小麦起源于亚洲西部，从西亚、中东一带向西传入欧洲和非洲，向东传入印度、阿富汗和中国。小麦进入中国之后从黄河中游向长江地区传播，随后传入朝鲜与日本。15—17世纪由欧洲殖民者将小麦传至南北美洲，18世纪传入大洋洲。科学家通过对异源六倍体的面包小麦与五种相关的二倍体品种进行基因组分析，推测普通系小麦的A和B基因组在700万年前由共同的祖先分化而来，而D基因组的物种形成则是在100万年之后。该研究结果于2014年发表于《科学》杂志。

据推测，普通小麦的形成可以说是一场"美丽的邂逅"，只是这个"邂逅"跨越了千万年的时间与不同的地区。在现在的亚洲西南部还广泛分布着野生一粒小麦、野生二粒小麦以及节节麦，其中节节麦与普通小麦亲缘关系密切。约1万年前，二倍体的一粒小麦（AA）与山羊草（BB）"邂逅"，产生杂交——一粒小麦产生配子A，山羊草产生配子B。它们的后代是具有AB染色体组的不育个体，随后经过染色体自然加倍才形成了异源四倍体的二粒小麦（AABB）。在约3000年前二粒小麦（AABB）遇到了节节草（DD），来自二粒小麦的配子AB与来自节节草的配子D结合，形成了不育的ABD后代，随后经过染色体自然加倍形成了异源六倍体的普通小麦（AABBDD）。

2006年《科学》杂志上的一篇论文介绍了小麦的驯化历史。科学家发现，野生谷物的穗容易开裂，果实极易脱落。这不是非常有利于食用吗？但是人类不同于穿梭田间的老鼠，不是通过捡食地上掉落的果实果腹的。穗易开裂和果实易脱落乃是不利于粮食生产的性状。所以在随后的驯化过程中，人类的祖先们虽然没有现代的生物技术，但是他们懂得筛选穗不易开裂、果实不易脱落的植株进行种植。经过反复的人工培育，小麦的优良性状在驯化中保留下来。作者指出，人类的两种行为使得小麦的驯化并不是一个一蹴而就的过程。首先，人们发现小麦的易脱落性之后，可能会选择在其脱落之前就进行收割以减少损失，因而没有将易脱落的性状快速剔除。其次，在驯化的小麦得不到好收成的时候，人们可能会选择新的野生种来培育，使得驯化过程从头再来。小麦的"万年变奏曲"几经修改，跌宕起伏，是一种作物的演变史，更是人类勤劳和智慧的赞歌。

稻花香

　　"稻花香里说丰年，听取蛙声一片。"从古至今描写田园风光、丰收喜悦的诗句数不胜数，辛弃疾的这首《西江月》不但让读者领略到稼轩词于雄浑豪迈之外的另一种境界，同时也表明水稻作为我国传统的粮食作物，在历史的长河中伴随着华夏文明一起浮光跃金、熠熠生辉。水稻（*Oryza sativa*）在植物分类学上属于禾本科稻属，是世界主要粮食作物之一，全球将近一半的人口以稻米为主粮。

　　我们现在常常能在田间地头看见绿油油的稻苗，能在餐桌上吃到香喷喷的米饭，可你是否知道如今的水稻已不是最初的模样了？这是因为，水稻经过长期的人工与自然选育及驯化，已由普通野生稻逐渐演变成了如今多种多样的栽培水稻。栽培水稻可分为亚洲栽培稻和非洲栽培稻，其中亚洲栽培稻的应用更为广泛，又有粳稻和籼稻两个亚种。栽培水稻和它的祖先普通野生稻之间，无论"外貌"还是"内心"都有着很大的区别。例如，普通野生稻的芒（稻谷壳上的细刺）较长，栽培水稻的芒短或者无芒；普通野生稻的谷粒颜色较深，通常为红色，栽培水稻的谷粒颜色较浅，通常为白色；普通野生稻的穗形"奔放"，呈散开状，长出的谷粒少，栽培水稻的穗形更为"收敛"，孕育的谷粒多。除了外貌不同，在生长习性方面，普通野生稻通常喜欢伏在地上，像西瓜藤蔓一样匍匐生长，栽培水稻则是直立生长，"亭亭玉立"。并且，普通野生稻的种子不太"安分"，一旦成熟就很容易脱落（这个特性被称为水稻的落粒性）。这在自然状态下是有利于种子传播的，但却不利于人们收获粮食。而经过人工培育的栽培水稻在成熟之后种子被紧紧地包裹着，不易脱落。可见，水稻品种的选育是和人们的生产需要紧密结合的。

我国作为世界上最大的稻米生产国和消费国，水稻栽培和驯化的历史悠久，距今至少有1万年了。浙江的浦江上山遗址、江西的万年仙人洞－吊桶环遗址以及湖南的道县玉蟾岩遗址均出土了具有驯化特征的水稻化石，其中上山遗址的水稻栽培和遗存被认为处在水稻驯化的早期阶段。随后的两千年是水稻驯化的发展和形成阶段，同时也是我国原始农业起源的重要时期。湖南、浙江、河南等地的多个遗址也都发现了早期水稻栽培的迹象。其中，河南的贾湖遗址距今约8000—9000年，从该遗址挖掘出的一百多份土样中浮选出了几百粒栽培水稻谷粒，表明这个时候水稻驯化和稻作农业已经形成。而在属于晚期新石器时代的河姆渡遗址中还发现了大量的稻谷、谷壳以及农具等，其中稻谷经鉴定属于栽培水稻的原始粳、籼混合种，表明河姆渡时期的原始稻作农业已经进入"耜耕阶段"〔以生产工具的发展为标志，我国古代农业的耕作方式可以划分为刀耕火种、耜耕（石器锄耕）和铁犁牛耕三个阶段〕，并且我们的祖先已建立了成熟的农业经济。不过，此时水稻的驯化还没有真正完成。改变水稻的落粒性，即将容易散落种子的水稻变为不容易散落种子的水稻，则是野生祖先驯化的重要标志，这一过程一直到河姆渡时期之后的1000年或再晚些才完成。距今约4200余年前，水稻栽培已从长江中下游推广到黄河中游。

　　稻在我国古代被列为五谷之一，《管子》《陆贾新语》等古籍中，都有关于神农时代（约在公元前27世纪）播种五谷的记载。到了奴隶社会时期，水稻的驯化已经基本完成，人们已经能利用较为先进的农具广泛栽培水稻了。《史记·夏本纪》中

水稻全株标本图

记载"禹令益予众庶稻，可种卑湿"，表明在公元前21世纪的大禹时期，我国古代劳动人民就已经开始利用地势低洼、水分充足的土地种植水稻了。另外，《诗经》中也提到"八月剥枣，十月获稻……九月筑场圃，十月纳禾稼。黍稷重穋，禾麻菽麦"。可见西周时期，黍、稷、粟、水稻和小麦已经成为主要的农作物了。到了战国时期，由于铁制农具（尤其是犁）的应用，种植开始走向精耕细作阶段，同时期为种植水稻而兴修的大型水利工程，如河北漳水渠（公元前445—前396年）、四川的都江堰（公元前256年）、陕西郑国渠（公元前246年），都在历史上留下了浓墨重彩的一页。

南北朝时期北魏贾思勰的《齐民要术》中有关于水、旱稻栽培技术的专门论述。晋朝《广志》中有关于稻田发展绿肥、增培地力的记载。魏晋南北朝以后，中国经济重心逐渐南移，唐宋六百多年间，江南成为全国水稻生产和消费的中心地区，太湖流域成为有"鱼米之乡"之称的稻米生产基地。当时因重视水利兴建、围垦造田、农具改进、土地培肥、品种更新等，江南稻区已初步形成了较为完整的拼作栽培体系。在长期的水稻种植选育过程中，中国形成了丰富的稻种资源，据明末清初的《直省志书》记载，当时我国种植的水稻种类就达

3400多个。新中国成立以来，科学家和农业工作者在继承和发展精耕细作的优良传统的基础上，运用现代农业科学技术，使稻作生产获得了更大的发展。

然而，水稻的起源和驯化在国际上一直争议不断，不同国家的学者提出了大相径庭的观点并展开了激烈的争论。以瑞士植物学家阿方斯·德康多尔（Alphonse L.pp. de Candolle）为首的一批科学家认为水稻起源于印度，而后中国学者对这一观点进行了驳斥，主张水稻的真正起源地是中国。持后一种观点的代表性学者是中国水稻研究的奠基人丁颖，20世纪30年代，他从一些古籍、考古证据和杂交可行性证据中得到了许多新发现，并提出了水稻品种分类系统和水稻起源于中国华南的观点。丁颖的研究引起了国际学术界的关注，同时引发了考古学界的相互"厮杀"，不仅中国和印度，连东南亚一些国家也宣称发现了历史悠久的农业遗址和水稻遗存。学术界经过研究分析质疑了东南亚国家和印度提供的证据，更倾向于中国是水稻起源地的说法。

但是，随着分子生物学技术的发展，又有学者在20世纪末提出了不同的观点。一种观点认为水稻的两个亚种——粳稻和籼稻是独立起源的，粳稻起源于中国，而籼稻则起源于印度；

另一种观点认为水稻只在中国起源了一次，是单次起源的。虽然前者有一些线索暗示，但后者的证据更有说服力：分子生物学认为，当水稻的祖先——普通野生稻被驯化为栽培水稻时，水稻的基因会发生变异。比如控制水稻落粒性的一个名叫*SH4*的基因，它的序列在粳稻和籼稻中几乎是一样的，在籼、粳分化之前这个基因已经发生变异了。无独有偶，控制水稻生长姿态为匍匐或直立的一个名叫*PROG1*的基因也是类似的情况。这些发现都表明水稻只被驯化了一次。

2011年，美国科学家经研究分析得出了更为可靠的结论：栽培水稻是单次起源的，粳稻和籼稻的分化还要晚上几千年。也就是说，在中国南方地区的普通野生稻经驯化形成了粳稻，随后逐渐往其他地方扩散。往南扩散的一支进入东南亚，与当地的野生稻种杂交，经历第二次驯化而形成了籼稻。关于水稻"身世"的考证，兜兜转转，一波三折，如今终于尘埃落定。随着科技的发展和考古学家的不断挖掘探索，相信会有更多新的证据出现，更为准确地揭示水稻起源和驯化的历史。"稻花香里说丰年"，当我们在餐桌旁咀嚼香喷喷的米饭时，或者漫步于一望无垠的稻田时，当思这一切来之不易。

功能食品

　　维持人体各项生命活动并调节生理功能的物质，包括蛋白质、脂类、糖类、维生素、无机盐和膳食纤维等，都是从食物中摄取的。这些营养素经过消化吸收，转化为人体每个细胞的物质基础，同时为生命活动提供能量。人体对各营养素的摄入量有一定的要求，维持良好的健康状态需要不同营养素之间的协调作用。由此可见，保持均衡的膳食营养对于我们的肌体活力和健康非常重要。中医文化源远流长，食物的营养和保健作用被中医充分利用。中医认为食物"不但疗病，并可充饥"，很早就建立了"药食同源"的概念。唐代医药学家孙思邈就辩证地提倡："为医者，当晓病源，知其所犯，以食治之，食疗不愈，然后命药。"

　　不同种类的食物所含营养物质不尽相同，想要保持均衡营养就要选择多样化的食物。维持人体的健康不仅需要脂类、蛋白质，还需要包括16种左右的矿物元素以及13种左右的维生素在内的营养素。我国一些经济欠发达地区的居民，蛋白质和一些微量营养素的摄入量往往不足。而缺乏蛋白质和微量养分会引起营养不良，长期的营养不良又会引发一系列的疾病，甚至导致死亡。健康无小事，除了给个人身体造成伤害，营养不良还会导致劳动力不足，从而给社会造成巨大的经济损失。据统计，每年由营养不良造成的全球经济损失达3.5万亿美元之巨。在我国，这一方面的经济损失更是达到了国内生产总值的4％。膳食营养是亟须解决的重大问题。

在各类由营养不良引起的健康问题中，缺铁性贫血是比较普遍的一种。铁是人体必需的微量过渡族元素，虽然一个体重60千克的成年人体内仅含4克左右的铁，但它却扮演着极其重要的角色。人体内大部分的铁结合在血红蛋白和运铁蛋白中，参与造血过程以及氧的转运和交换。体内缺铁会影响血红蛋白的结构和一些酶的活性，进而引发某些生理疾病，缺铁性贫血就是其中之一。这类贫血是由体内铁元素缺乏导致血红蛋白合成减少而引起的。全球约有四分之一的人口受到贫血的影响，患者以儿童和孕妇居多，而且一半的病例都是因为食物中铁元

水稻花器官解剖图

素含量不够。由于三价铁在正常情况下不溶于水，故无法往食物中直接加铁，因此，提高食物自身的含铁量就成了很多国家亟待解决却又难以解决的民生问题。

危难之处显身手，面对缺铁这个难题，日益进步的转基因技术闪亮登场了。这一次，科学家的目光还是落在了当今世界最主要的粮食作物——水稻上。水稻的主要组成成分为淀粉，约占70%—80%，除含有水、蛋白质、脂肪等常量营养素以外，还含有多种维生素（如维生素B_3、维生素B_6、维生素E）和矿物质（如铁、锌）。糙米的铁含量虽然较高（每克糙米含铁7—54微克），营养价值也较加工过的精米为高，但仍远远不能满足人体日常所需。因此，研究人员希望运用生物技术手段提高稻米中的铁含量，再通过分子育种技术培育出能满足人们营养需求的作物。

早在20世纪80年代，日本的研究团队便运用化学诱变的方法改变水稻的遗传组成，再从千万棵水稻苗中筛选出铁富集程度最高的加以培育。由此获得的富铁水稻的铁含量要比普通水稻高出3—6倍。临床试验结果表明，食用该富铁水稻的贫血患者体内的铁得到了显著的补充，富铁水稻的补血效果十分明显。但这样的水稻产量很低，很难满足大规模的需求。科学家们注意到铁蛋白是储存铁离子的一个重要场所，人体内不存在游离状态的铁，铁都是与铁蛋白结合后转运到各个组织细胞中的。在可以进行生物固氮的大豆中就存在一类可以结合铁的蛋白。以此为出发点，日本的一个研究小组利用基因工程技术，将大豆中一个铁蛋白的编码基因导入水稻中。这个导入的铁蛋白编码基因在水稻胚乳中高量表达并积累，使水稻吸收更多的铁来和这些铁蛋白结合。转基因水稻中的铁含量最高可达正常水稻的3倍。2001年，另一个研究小组又将菜豆（豆科植物多数都能生物固氮，因而含有铁蛋白）中的铁蛋白基因导入水稻中，通过一系列的基因改造培育出水稻新品种，大大提高了水稻中铁元素的含量，为改善缺铁性危机提供了有效的方法。

营养素摄入不足会导致一系列营养缺乏性疾病，相反，营养素摄入量超过人体所能代谢的范围也会引起一系列的健康问题。水稻种子中8％—10％的成分为蛋白质，其中最多的为谷蛋白，占总蛋白的70％—80％，其次是醇溶蛋白，占总蛋白的18％—20％。研究表明，谷蛋白是可利用蛋白，能为人体提供营养，而醇溶蛋白则不能被人体消化吸收。因此，增加谷蛋白含量的同时降低醇溶蛋白含量可以有效地提高水稻的营养价值。然而，目前我国的肾病患者人数多达1.2亿，尿毒症患者

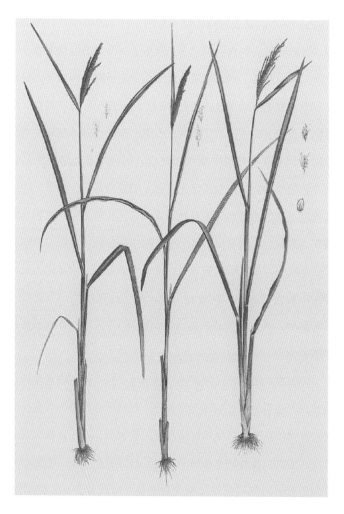

水稻植株标本图

也有150多万，这类特殊人群不宜摄入过多的谷蛋白，否则会增加肾脏负担，加剧肾病。为了适应这一群体的特殊需求，一些研究人员开展了对水稻蛋白组成成分的研究。1993年，日本的一个研究团队就通过诱变育种的方法筛选出了低谷蛋白、高醇溶蛋白的突变植株。实验调查表明，食用这种水稻后，增加肾病负担的谷蛋白摄入量大大减少，而且患者血清肌酐的含量（检测肾功能的常用指标）也有了明显的降低。由于上述诸多优势，这种水稻也成了育种专家们充分利用的一个品种，用其作为亲本之一培育出了多个优良的水稻品种。例如，中国农业科学院的万建民研究组就引进了该水稻品种，用其作为母本与另一种优质水稻品种进行杂交，最终选育出了一个优质水稻新品种，其可溶性蛋白的含量降低到3.5%，显著低于普通水稻。

功能型水稻研究已经获得了越来越多的关注。随着现代生物技术的进步，通过基因工程的方法对水稻进行品种改良，为通过食物预防和治疗疾病提供了新的突破点。除了富铁和低谷蛋白水稻外，其他的水稻新品种也已经或正在开发，比如对糖尿病患者有利的高抗性淀粉含量水稻，以及富含α-亚麻酸、γ-氨基丁酸等营养物质的水稻。相信在不久的将来，可以根据不同人群的特殊需求来选育新品种，从而个性化地解决营养缺陷的问题。科学无止境，期待科学家们精心培育的功能型农作物最终变成千家万户餐桌上的美食，为人们的饮食提供多样化选择，为人类的健康筑起一道道屏障。

墨西哥来客

"民以食为天",自文明发轫之时起人类就以文化的眼光打量自己的食物。早期文明的多神教非常关注自然循环与食物,这可能与当时食品供给的脆弱性有关。例如,多神教认为掌管植物生长的是植物神塔木兹。基督教的祈祷词"感谢主赐我食",就可追溯到多神教的食物崇拜。不过,说起对食物的崇拜,可能在地球上没有谁能超越印第安人了。在古老的印第安文明当中,一种似乎毫不起眼的作物——玉米(*Zea mays*)曾经受到了人们非比寻常的崇敬与膜拜。

印第安人相信上帝创造了世间万物,而玉米就是神赐之物。古印第安神谱中有数位玉米神,他们都象征着幸福和运气。在玛雅人的神话中,人的身体就是造物主用玉米做成的,时至今日,当地土著人还自称"玉米人"。墨西哥阿兹特克部族信奉的特拉洛克神，就是印第安人崇敬的玉米神，又被称为丰收之神。玉米丰收与否则被认为代表了神祇的喜怒，与人类的生存息息相关，因此，在玉米选种和播种的季节都要举行祭祀仪式。待到玉米收获，印第安人还要举行更为盛大的祭典，对玉米虔诚膜拜，为丰收放歌起舞，将最为硕大美观的果穗进献给玉米之神，并祈求来年风调雨顺，再获丰收。时至今天，拉丁美洲对玉米神的供奉依然存在，充满宗教色彩的祭祀仪式则以更为欢快的形式流传下来。每年7月下旬，墨西哥南部的瓦哈卡州都会举行闻名世界的盖拉盖查节庆祝活动。"盖拉盖查"出自萨波特克语，意思是"相互赠予"。而这个节日的起源就是萨波特克人在玉米丰收时祭祀玉米神的传统，只是淡化了神灵，突出了分享劳作成果的喜悦。

作为印第安人的文明具象和文化载体的玉米，在我国又名玉蜀黍、棒子、苞谷等。而玉米的野生祖先，就是墨西哥野生类蜀黍（teosinte），别名大刍草。经过驯化的大刍草成了玉米，而野生种大刍草也留存了下来，如今在拉丁美洲辽阔的原野上还能看到大片的大刍草。和硕果累累的玉米相比，大刍草显得纤细而繁密，它喜欢温暖潮湿的环境，直立丛生，可以长到3米高，也就是标准篮筐的高度。大刍草的花是单性的，但是

玉米花序与果实

雌花和雄花都生长在同一株植物上。雄花生长在顶端，由小花组成形如圆锥的花序，花丝从上端挂出花序外，有利于将花粉传播给生长在下部的雌花。受精后形成的种子外面长有坚硬的壳，可防鸟兽啄食。

根据印第安众多的民间传说，"大刍草"一词来源于印第安阿兹特克语，意为"神赐之穗"。在南美洲的很多地方，印第安人至今还把大刍草称为"玉米之母"。19世纪50年代人们在墨西哥城的考古工作中，发现了9000年前的玉米花粉化石和约7000年前的玉米果穗标本。科学家由此推断，人类栽培玉米的历史大约有7000—10 000年，至少在距今7000年前，大刍草就已经开始向现代玉米演化了。对于玉米演化的具体进程，目前还没有定论，许多科学家提出了不同的理论假说，其中影响较大的，除了大刍草直向进化起源假说，还有共同起源、大刍草异常突变起源、野生玉米起源、三成分起源、摩擦禾二倍体多年生大刍草起源等假说。这些假说既有合理的部分，也有不完善的地方，如何运用基因组测序技术调和不同假说，是当前研究作物演化的重要课题。

和其他地区人类早期的农业行为相似，印第安人对早期玉米的选择和采集在很大程度上是随意的，但他们的行为却是人类农业史上的一项重大创举，因为这种采集客观上对野生玉米起到了驯化和品种改良的作用。在采集野生玉米的过程中，印第安人可能注意到他们住地周围偶尔散落的玉米籽粒长出了新株，而这些自生的玉米有些会比野生玉米的果穗大、籽粒多。这样的现象启发了印第安人有意识地选择大粒种子更多的植株，它们的种子除了更好地解决温饱之外，还可供来年播种之用。这很可能就是农业留种最早期的雏形了。被逐步驯化、选优的玉米出现了一些和大刍草不一样的地方，经过驯化后的玉米，外形上最显著的变化就是分枝减少，茎干变粗，果穗变大，上面着生的籽粒变多，与此同时，种子的坚硬外壳变软变脆，便于收获和脱粒。有这样一个谜语——"一个孩子生得好，衣服穿了七八套；头上戴着红缨帽，身上装着珍珠宝"，谜面描述的正是玉米的样貌特征。

印第安人驯化玉米的另一方式是杂交。因为玉米的雄花和雌花是分开的，一棵玉米的花粉可以和不同植株的雌花完成受精作用。如果这两棵植物的遗传背景不一样，就可能出现表现更为优秀的后代。无疑，印第安人通过长期的生产实践慢慢总结规律，发现这能够使玉米增产。印第安部族中至今还流传着"玉米结婚，多子多孙"的谚语，这也许是对玉米杂交所产生的杂种优势最朴素的描述了。这种种植方式和改良玉米的措施，至今在美洲边远部族中依然可见。据当地农民讲述，他们经常在玉米行间种植野玉米，或者把普通玉米和甜玉米种在一起。20世纪30年代以后，杂种优势首先系统应用于玉米生产。杂交玉米的大规模商业化生产，对提高粮食产量和促进农业发展意义重大。

在玉米的栽培驯化过程中，被选择的形态特征是无分蘖（枝）或少分蘖（枝），这是玉米区别于其野生种的重要性状之一。因为分蘖会与主茎竞争养分、光照等资源，生产和育种上玉米多向减少分蘖的方向发展，以便获得更大的果穗和更多的籽粒。1997年科学家首次发现一个在大刍草向玉米驯化过程中控制分蘖的基因*Tb1*，其表达量的上升导致分蘖数减少。随后的研究也逐步发现了更多和驯化相关的基因，对这些基因功能的研究将为进一步完善玉米品种提供更多的科学参考，让几经驯化的玉米在产量和营养品质上得到更大的提升。

饲料之王

2014年上映的科幻电影《星际穿越》，描绘了未来的地球自然环境严重恶化，高温干旱导致频繁的沙尘暴，人类只能依靠种植玉米这种"末日植物"维生。那么，为什么是玉米而不是当下我们餐桌上更常见的水稻或者小麦成为"末日植物"呢？是电影编剧的无端猜测、自由演绎，还是玉米相比其他粮食作物确有不同凡响之处？要回答这个问题，我们首先要考察一下玉米在人类食谱中所扮演的角色。

就当下来说，玉米是全球三大粮食作物之一，其种植面积和总产量仅次于水稻和小麦。我国玉米的主产区分布在东北、黄淮海、西北和西南地区，主要包括黑龙江、吉林、辽宁、内蒙古、河北、河南、山东七个省份。这时你可能会产生疑问：我们平时在餐桌上并不经常见到玉米，那这么多的玉米都跑到

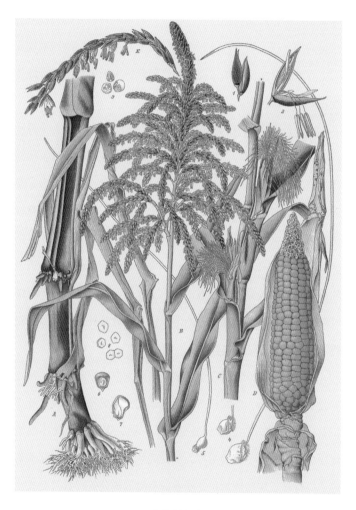

玉米植株标本图

哪里去了呢？虽然我们平时直接食用的玉米并不多，但餐桌上常见的肉、奶、蛋等动物制品都与玉米紧密相关，全球畜牧业的主要饲料是由玉米加工而来的。因此，玉米更重要的价值体现在做饲料原料上。

玉米是当之无愧的"饲料之王"。据统计，世界上70%—75%的玉米用作饲料，其余的用作粮食和工业原料。按收获物和用途划分，玉米分为三大类型——籽粒玉米、青贮玉米、鲜食玉米，除鲜食玉米外，籽粒玉米和青贮玉米都可用作饲料。玉米植株高大，产量高，生长周期相对较短；玉米的茎叶含糖量高，并且含有丰富的维生素和胡萝卜素，饲用价值高；玉米的适口性也比较好，动物喜欢吃。玉米全身都是优质的饲料或饲草。玉米在畜牧业生产中的地位远远超过其他作物，因此获得了"饲料之王"的美称。

我们国家是传统的农业大国，与西方发达国家相比，畜牧业发展相对滞后，而制约畜牧业发展的一个最重要的因素就是饲料。我国北方的玉米一般是一季一熟，因此进入秋冬季节就会出现饲草料不足的情况，新鲜的饲草料尤其缺乏。而干草的适口性差，更重要的是，随着储存时间的延长，其营养成分快速流失，导致动物在秋冬季节"掉膘"，影响生产能力。连温饱都不能保证，牛宝宝和羊宝宝们又怎么能开心地度过青春期，组建家庭呢？那么有没有什么办法可以让饲料保鲜呢？冷藏可以延长保鲜时间，但存放及获取麻烦，成本也高。想象一下，在牧民家里建超级大冷库，实在不是经济之举。其实还有一个成本低且存取方便的方法，那就是制成"罐头"——不是把饲草塞到玻璃瓶中，这里说的"罐头"指的是青贮饲料，有人把它形象地称为"草罐头"。目前"草罐头"加工已经实现机械流水作业：先将玉米秸秆铡成碎渣，再放入膨化机中进行膨化，并向其中加入发酵剂，完成高温、消毒、杀菌等质变过程，然后装入密封性好的塑料袋中。于是植物秸秆就变成了营养丰富的"草罐头"。

青贮玉米是指收获包括果穗在内的整棵绿色植株，切碎加工，经青贮发酵后作为饲料的玉米品种，具有生物量高、纤维品质好、持绿性久、干物质和水分含量适于厌氧发酵等特点，与一般饲料相比具有很多优点。首先，青贮饲料的适口性好且易于消化吸收。这是因为青贮玉米经过微生物发酵过程，产生的芳香族化合物具有酒香味，且能使玉米的茎秆软化，变得柔软多汁。其次，玉米青贮后保存时间久，春夏秋冬四季均可供应。这样就解决了饲料供应淡旺季不均的问题，保证家畜全年的营养供给。再次，玉米经过青贮发酵后，病菌、虫卵被杀死，降低了家畜得病的风险。最后，青贮玉米种植管理方便，周期也比较短。由于受传统粮食观念和饲养方式等因素的影响，我国长期以来以籽粒高产作为玉米品种选育的主要目标，种植品种以粮用为主，20世纪80年代以前我国还没有青贮玉米的种植。随着畜牧养殖业的不断发展，一些高产的青贮玉米品种开始在大型农牧场和城郊奶牛场推广使用。其实在欧美等农牧业发达的国家，青贮玉米的种植面积非常大。相比之下，我们国家青饲青贮玉米则处于刚起步阶段。青饲青贮玉米不但生物学产量高，还含有丰富的营养成分。青饲青贮玉米的秸秆营养丰富，糖类、胡萝卜素、硫胺素和核黄素含量高，而且适口性好，易消化，满足反刍动物冬春季节的营养需要，使家畜终年保持高水平的营养状态和生产水平，是食草动物较为理想的饲料。在当前以养殖业为龙头的农业格局下，玉米已不是简单的粮食概念，而是定位在主要饲料作物上。为满足快速发展的畜牧业生产对优质饲料的需求，应从现在起大力推进青贮玉米的培育及推广。

玉米起源于南美洲，目前的研究表明它的驯化发生在人类迁徙到美洲以后，始于7000—10 000年前。玉米驯化过程中的

成熟的玉米果实

一个重要事件，是其逐渐从最初温暖潮湿的拉丁美洲向较为干燥的北美洲扩散。在那里，经过大约1000年的适应和选择，出现了更耐高温干旱的品种。当哥伦布于1492年来到新大陆，发现了玉米这种"奇特"作物的时候，玉米已经是高产耐旱的品种了。和辣椒与番茄的命运相似，玉米的世界之旅也是借了哥伦布船队的东风：首先来到欧洲，随即在世界范围内广泛种植。

回到我们在本篇开头提出的问题。玉米成为"末日植物"，不是编剧和导演的无端猜测，而是因为玉米比其他粮食作物更加耐受高温、干旱的恶劣环境，而且除了供人食用，还是理想的家畜饲料。展望未来，虽然我们的生存环境未必变得像科幻电影中那样严酷，但随着现代健康生活理念日渐普及，人们对牛羊肉等高蛋白肉类及乳制品的需求量大幅增加，畜牧业迎来了最具机遇的时代。科学选育玉米品种，促进畜牧业发展，让营养丰富、琳琅满目的美食"占领"我们的餐桌吧。

红色赞歌

.

　　"一穗一穗被露水打得精湿的高粱，在雾洞里忧悒地注视着我父亲，父亲也虔诚地望着它们。父亲恍然大悟，明白了它们都是活生生的灵物。它们根扎黑土，受日精月华，得雨露滋润，上知天文下知地理。"这是莫言在《红高粱家族》中的一段描写。普通高粱的穗子刚长出来时是黄绿色，生长的过程中由淡红色转至暗棕红色，因此高粱（*Sorghum bicolor*）俗称"红高粱"。因为莫言的文学作品，国人对象征着自由与生命的红高粱有了别样的情愫。

　　高粱与人类文明的纠葛由来已久，高粱的起源充满着神秘色彩。一个版本认为高粱同玉米一样是个"外来户"，它来自遥远的东非大陆——埃塞俄比亚，大约在公元前4000年传入北非地区，又在公元前700年前后搭乘阿拉伯的商船进入阿拉伯

高粱和玉米的果实对比

半岛，随后登陆印度地区并由印度传入中国，时间在1060年前后，即中国的辽金时期。另一个版本则赋予了高粱更多的中华"血统"。自19世纪30年代以来，考古学家们陆续在我国多处遗址中发现了野生高粱的炭化种子，这些种子有的甚至可以追溯至新石器时代。据分析，当时的高粱种植区域主要分布在黄河中下游，而从商周到两汉时期，高粱的种植范围逐步扩大。农业史学家们也曾推测在先秦两汉古籍中"粱""秫""秬""秠"等字实际指代的就是高粱。此外，植物学家们研究发现，中国高粱与非洲高粱在形态特征上存在着明显的不同，而且中国高粱品种更丰富，进化程度更高。

虽然高粱的"身世"尚无定论，但这并未妨碍高粱练就一身"勇猛能打"的高强武艺。与禾本科家族其他成员相比，高粱可是名副其实的"武林高手"。作为世界五大作物之一的它，不惧旱涝，面对盐碱、高温、贫瘠等逆境条件，也能"从容不迫"。高粱的这些"武艺"得益于它所拥有的各类天赋。第一，高粱是一种C_4植物，光合作用最适温度是33—35 ℃（普通C_3植物的光合作用最适合温度为20—25 ℃），有些高粱品种甚至在45 ℃以上时才完全停止光合作用，可以说非常耐热了。第二，高粱的叶片上有一层发育良好的蜡质层，就像敷着一层防晒保湿面霜，能够提高高粱叶片对阳光辐射的反射率，减少蒸腾作用的水分损失。第三，高粱的根系非常发达，在极度干旱的环境下，它的根能深入地下2米多去寻找深层水源。

"天赋异禀"的高粱曾经是中国北方地区主要的粮食作物，据记载，1918年全国高粱种植达到了历史最高纪录，种植面积约占全国耕地面积的26％，占据了四分之一的主粮地图。但后来随着人们饮食结构的调整，高粱逐渐退出主食阵容，种植面积随之减少。但风水轮流转，随着人类肥胖问题日益严重，高粱等粗粮又重新回到了人们的视野当中。高粱米有"百谷之长""五谷之精"的美名，《本草纲目》谓之"性味平微寒，具有凉血、解毒之功"。现代研究发现它的营养构成约为10％的蛋白质、2％的脂肪、68％的碳水化合物及10％的膳食纤维。低脂肪高纤维使得高粱成为减肥人士青睐的主食，另外高粱中的淀粉消化速率低，会在人体的消化道内停留更长时间，达到益脾健胃的效果。高粱中还富含多酚，尤其是单宁类物质，具有抗氧化和降低胆固醇的作用，对糖尿病及心血管病患者大有裨益。

高粱绝非主粮那么简单，作为一个盛产诗人的国度，缺了美酒怎能出佳句？目前80%的高粱都用作酿酒原料，像茅台、汾酒、五粮液等白酒都是以高粱籽粒为原料酿造的。"好酒不离红粮"，"红粮"就是高粱。高粱中富含的单宁类物质本就有助于消化，在酿酒过程中，这些单宁又与高粱中其他的酚类化合物如原花青素、黄酮类化合物等共同作用，抗氧化能力极大提高，使得以高粱为原料酿造的白酒口感绵柔甘甜，回味悠长，形成了别具特色的中国白酒风味。"李白斗酒诗百篇"，高粱就是这百篇诗歌的灵感之源。

人们不光对高粱酒爱不释手，连酿酒的副产物酒糟，都可以做成优质饲料，以飨畜兽。高粱籽粒做饲料的生产效能优于大麦和燕麦，几乎可与"饲料之王"玉米媲美。研究发现，在饲料中加入10%—15%的高粱籽粒，能够预防一些动物疾病，提高成活率。最为有趣的是，往猪饲料中添加高粱，能够使猪的瘦肉率由51%提高到58%。可见高粱的"减肥作用"在哺乳动物身上都是一致的。在北美地区，高粱作为饲料的利用率已经达到了97%，而在亚洲仅为27%。我国饲料高粱的缺口很大，每年进口几百万吨，需求也在逐年增加。相信随着我国农业结构调整和优化升级，畜牧业的发展也将带动高粱产业的发展，"红高粱家族"东山再起指日可待。

　　人人都爱红高粱，诗人爱它滋味醇厚，作家爱它张扬奔放，而劳动者爱它浑身是宝：高粱茎秆能编织生活器物；高粱的穗莛能做扫帚、炊帚等；有些地方还会用高粱的穗柄制作盖帘。在今天，浑身是宝的高粱更加大放异彩。有一类被称为甜高粱的高粱变种被用来做新型的生物能源原料，已有的研究显示甜高粱每公顷能产约6000升乙醇，高于甘蔗、木薯和甜菜等传统能源原料，甚至远高于玉米和水稻。高粱具有抗旱涝、抗热耐盐碱等抗逆性状，这就保证高粱与其他粮食作物能够实现"和平共处"，不与争夺肥沃的土地。高粱渣中的纤维素和半纤维素还可作为二代生物燃料使用。甜高粱的加工产物，除乙醇外还有丙酮、丁醇、乳酸和丁酸等，都可做工业原料。

　　"红霞璀璨草葳蕤，曾塑铿锵扫山陲。"过去遍布北方的高粱，每到夏季便形成"青纱帐"，是中华儿女不屈不挠抵御外侮的象征。"天赋异禀"又"吃苦耐劳"的高粱，正重新成为一种重要的作物品种，在现代农业、工业等各个产业中"大展宏图"。一曲高粱的红色赞歌，唱的是它的兴衰起落，唱的是它的生命热忱。

第四主粮

　　土豆（*Solanum tuberosum*），学名马铃薯，在植物分类学上属于茄科茄属。名字中一个"土"字，说明它普通到不能再普通，平凡到不能再平凡，朴素的名字及更加朴素的外表，让人们几乎淡忘了它曾经的辉煌。土豆还被称为"洋芋"，一个"洋"字，又道出了它的身世"天机"。马铃薯的祖先（野生马铃薯）主要分布于秘鲁和玻利维亚的安第斯山区。马铃薯与人类的第一次邂逅，发生在8000年前。当时，一支被迫迁徙的古印第安部落，来到了人迹罕至的安第斯山区。这里地处高寒地带，玉米、木薯等常见的粮食作物无法很好地生长，但是野生马铃薯却适应了当地严酷而多变的气候。因此，这些外来的印第安人不得不以马铃薯为食。

　　然而，野生马铃薯也是"桀骜不驯"的。茄科植物通常都

土豆器官解剖图

或多或少含有一类叫作龙葵碱的特殊化合物，野生马铃薯的果实和嫩芽中含量较高。这是一类由葡萄糖残基和茄啶组成的弱碱性糖苷，对胃肠道黏膜有较强的刺激性和腐蚀性，对中枢神经有麻痹作用，摄入过多会导致急性脑水肿、胃肠炎等。马铃薯的驯化过程，是充满困难和危机的。经过前仆后继的不懈努力，甚至付出生命的代价后，到了1000年前，安第斯山区的印第安人终于为后辈开发出了一整套种植、储存、食用马铃薯的方法。至此，马铃薯才正式进入人类的食谱。

　　马铃薯作为曾经的美洲特产，在全世界繁荣昌盛是从500年前波澜壮阔的大航海时代开始的。1536年，一群西班牙探险家在秘鲁的苏洛科达村从当地的印第安人手里抢到了一些马铃薯。这一独特的物种从此被"文明世界"的人们所认识。而马铃薯真正被带进"文明世界"，则又等了20年之久。现在认为，马铃薯通过两条不同的路线走向了世界。第一条路线是：1551年由西班牙人瓦尔德维（Vald evii）将马铃薯块茎带回家乡，1570年引至欧洲南部种植，16世纪末传播到欧洲大部分国家及亚洲，17世纪引入中国。第二条路线是：1565年由英国人哈根（J. Haukin）从智利把马铃薯带到爱尔兰，到1586年马铃薯已遍布英伦三岛，进而走向北欧诸国。

究竟是怎样的"洪荒之力"让马铃薯在短短500年内征服了全人类的消化系统呢？一是它兼具了粮食、果蔬中几乎所有的营养成分，并因此被冠以"第二面包""地下苹果"等美名。它的赖氨酸含量远高于水稻和小麦，而且蛋白质品质高，易于消化吸收，还富含膳食纤维及维生素。二是产量巨大。目前世界马铃薯的平均亩产量为2000千克左右，相比其他农作物具有巨大的产量优势。三是马铃薯对土壤要求低，能够适应贫瘠的土壤，还能在高寒地区生长。四是马铃薯与人类打交道的时候"深藏功与名"，它的块茎深埋于土中，不会因为被焚烧或践踏而绝收，更容易在战火纷飞的年代得到人们的青睐。五是加工和食用马铃薯都极为方便。正是凭借这种种优势，"其貌不扬"的土豆，在世界的餐桌上唱响了经久不衰的流行曲。

马铃薯改变人类的"洪荒之力"，在爱尔兰展现得淋漓尽致。爱尔兰游离于不列颠群岛，具有独特的地理环境。在墨西哥暖流的影响下，爱尔兰地区常年温暖潮湿，加上多山峦、泥沼，禾本科的庄稼难以大面积种植，产量也不高。当马铃薯在欧洲开始推广时，英国对爱尔兰进行了征战与掠夺，除了手工业产品、粮食之外，还抢占了大量爱尔兰人维持生计的燕麦种植地，只留下贫瘠的土地。马铃薯凭借着超强的环境适应能力和高产的优势，逐渐成为爱尔兰人最主要的生活依靠。到了18世纪末，爱尔兰几乎所有的土地都种上了土豆，长期以来的温饱问题迎刃而解。爱尔兰曾流行这么一句话："穷人的餐点，除了小马铃薯就是大马铃薯。"爱尔兰人甚至说过："世界上只有两样东西开不得玩笑，一是婚姻，二就是马铃薯。"可见他们对其爱之深。到了1845年，爱尔兰人的餐桌上80%的食物都是土豆，许多爱尔兰主妇甚至都不知道如何烹饪土豆以外的食材。

福兮祸所伏。1845年7月，马铃薯晚疫病暴发了。导致马铃薯晚疫病的是一种真菌，这种真菌和马铃薯一样喜欢温暖潮湿的环境。遍布爱尔兰的马铃薯给这种真菌提供了温床，令其疯狂生长。感染了这种真菌的马铃薯，茎和叶会出现绿褐色病斑，严重时叶片萎垂、卷缩，最终全株黑化腐烂。染病的马铃薯块茎会出现褐色或紫褐色病块，薯肉变成褐色，最终烂掉。因此一旦患病，整株马铃薯就失去了所有的生产价值。对单一种植土豆的爱尔兰来说，一场前所未有的危机出现了。当年马铃薯就减产40%，而第二年情况更加糟糕。由于前一年腐烂的土豆还留在土壤中，第二年新种植的土豆被土壤中残存的真菌孢子感染。在温暖多雨的1846年夏天，疫情暴发得更为迅猛，幸存植株不足10%。土豆绝收，导致了大规模的饥荒。1847年还有些收成，但1848年、1849年几乎是颗粒无收。爱尔兰人的身体健康与公共卫生受到严重破坏，痢疾、霍乱、斑疹、伤寒等疾病开始传播。据英国官方统计，1841年爱尔兰人口为817万，按照饥荒前的人口增长率计算，1846年人口将超过850万。灾难中110万人死亡，200万人流离失所被迫向美洲等地移民，1851年爱尔兰的土地上仅剩下490万人。可以说，不只是爱尔兰改变了土豆，土豆也改变了爱尔兰。

时至今日，随着世界人口的增长，地球资源和环境对农业的制约更加明显，饥饿与贫困的挑战依然严峻。另外，考虑到目前世界主要粮食作物是禾本科谷物，种植马铃薯可以大幅减少农业用水消耗，有效节约可用水资源。最后能托起人类生命之舟的很可能就是"其貌不扬"的马铃薯。2008年，时任联合国粮农组织总干事的雅克·迪乌夫（Jacques Diouf）表示："马铃薯在抗击全球饥饿和贫困的前沿发挥着作用。"因而，联合国大会决定把2008年定为"国际马铃薯年"，以彰显马铃薯在当前农业生产中举足轻重的地位。

我们国家于2015年提出了"马铃薯主粮化"战略。农业部

土豆全株标本图

号召"把马铃薯加工成馒头、面条、米粉等主食，马铃薯将成为稻米、小麦、玉米外又一主粮。预计2020年50％以上的马铃薯将作为主粮消费"。有句民间俗语说的是"别拿豆包不当干粮"，而现在我们可以说"别拿土豆不当主粮"。当然，大面积种植马铃薯，也存在诸多不易，例如，如何对抗马铃薯晚疫病等病虫害，如何推动相关的粮食生产标准制定，等等。这些问题需要新一代的科学家们继续探索，让曾经撬动地球、改变世界版图的马铃薯再创辉煌。

中国制造

　　中华文明与"五谷"密不可分。古代帝王祭祀天地的时候，会祈求"风调雨顺，五谷丰登"。即便是孔子的弟子子路，都曾在游学路上被农夫呵斥："四体不勤，五谷不分，孰为夫子？"这是因为，农业作为农耕文明的基础，其兴衰始终关乎国家强弱。而五谷就是农业的命脉，是家家户户生存的依托。五谷的概念，在历史中不断变迁，通常是指稻、黍、稷、麦、菽，分别对应现代的水稻、黄米、小米、麦子、大豆。这五种作物中，前四种都是禾本科中的明星，口感好、产量高、淀粉含量高，做粮食很好理解。大豆何方神圣？又是凭借怎样的本领占据五谷之一席呢？

　　大豆（*Glycine max*）是根正苗红的"中国制造"，至少有4500年的种植历史。大豆古时有"菽"这样文艺的名号，文献典籍中多有记载。三千年前的《诗经》中就出现了它的身影："中原有菽，小民采之。"司马迁在《史记·卷二十七》中也有记载："铺至下铺，为菽。"三国时期曹植还借大豆写过一首非常著名的《七步诗》："煮豆持作羹，漉菽以为汁。其在釜下燃，豆在釜中泣。本自同根生，相煎何太急？"诗中提到了古人不仅煮食大豆，还利用豆秸作为燃料，反映出三国时期大豆已经非常普遍，连"边角废料"也被先人们用来发挥余热了。

众多的考古证据也证实了"大豆生中国"的观点。1956年，河南洛阳金工区一号墓出土了陶仓，它的外面有"大豆万石"字样。1992年发现的洛阳皂角树遗址出土了炭化大豆籽粒，据研究，其年代约在3600年前。2001年，周原遗址发现炭化大豆159粒，其中122粒属于龙山时代，37粒属于先周时期。据统计，截至2013年已经在11处考古遗址中发现了栽培大豆遗存，分布范围包括陕西、山西、河南北部、内蒙古东南部、山东中部。

如今，起源于中国的大豆，身影已经遍布世界的每一个角落。大约在6世纪，大豆传入日本。18世纪，欧洲和北美殖民地开始种植大豆。如今，美洲已经成为全球大豆最主要的产

大豆花器官解剖图

地。随大豆一起传播的还有豆腐的制作方法。李时珍《本草纲目》记载："豆腐之法，始于汉淮南王刘安。"相传两千多年前，淮南王刘安招纳炼丹士用汞炼丹，以求长生不老。某日，方士将黄豆磨浆，置于炉火上煮熟，加入盐卤以试验炼丹，结果阴差阳错造出了豆腐。如果没有先人们开创的"豆腐之法"，大豆还只是最初的黄色圆豆，变不成豆浆、豆腐、豆花儿、豆腐脑儿……如今在泰国、韩国、越南、日本等国家，豆腐已经是主要食物之一，英文中也有"tofu"这个专门的词语称呼豆腐。

大豆在地球村村民们的餐桌上盘踞已久，重要的原因在于它独特的营养构成。大豆中的蛋白质含量很高，接近40%。与蛋白质相当的肉类相比，大豆的价格要低廉得多，是一种质优价廉的蛋白质补充食物。在一些不食肉的地区，大豆是最主要的蛋白质来源。中国人最经典的早餐搭配当数豆浆油条，豆浆享有"植物牛奶"的美称。大豆不仅是粮食，还是一种油料作物，大豆油是世界消费量最大的油料，占据世界食用油的半壁江山。

亚洲各国得益于它们的地理和文化，很早就品尝到了大豆制品的美味，而欧美国家接触大豆食品则要晚很多。到了20世纪中期，随着东西方文化交流日趋频繁，加上素食文化的兴起，西方人才逐渐发现大豆的魅力，不但享用了美味的豆腐，更是将大豆种植做成了产业。20世纪末期，美国大豆种植业飞速发展，占世界总产量的60％以上。到了21世纪初期，巴西、阿根廷等国大豆产量飞速上升，超过中国成为大豆生产和出口大国。

美国大豆和巴西大豆，都是中国野生大豆的后裔。野生大豆在我国广泛分布，北至黑龙江、南至广西均有丰富的野生大豆资源存在。这也为我国古代人民发现、认识、利用大豆提供了得天独厚的条件。野生大豆的豆粒比较小，种皮为黑色或者褐色，豆荚容易炸开，茎像藤蔓植物一样弯曲、缠绕。这些性状是在自然条件下形成的，并不符合人类的需求，于是聪明的炎黄先辈们踏上了漫长的大豆驯化之路。随着在粟黍等农作物栽培利用过程中农业栽培技术及农业工具的日臻完善，野生大豆逐渐向栽培大豆演化，豆粒渐大渐圆，种皮变为黄色，豆荚不再容易开裂，茎变得粗矮直立。最终得到的大豆良种，成为古代人民重要的食物来源。

中国作为大豆的原产国，保存有世界上最多的大豆品种资源，也一直是世界上大豆的主要生产国之一。大豆年产量从20世纪80年代的约900万吨，增加到90年代中期的1600万吨，达到高峰，2014年回落到1220万吨。20世纪下半叶，中国大豆完全自给自足，50年代末期中国大豆的出口一度对苏联非常重要。直到20世纪90年代，中国仍然是大豆净出口国。然而，随着中国对全球农产品市场开放程度的提高以及大豆产品需求的急剧增长，中国的大豆产业在20世纪的最后十年发生了翻天覆地的变化，中国成为世界上进口量遥遥领先的最大大豆买家。进口的大豆主要加工成豆油和豆粕，豆油供人食用，豆粕用来饲养猪和鸡。到2014年，中国食用油总消费量从1000万吨增加到了3300万吨，豆油一直居于领先位置。而在2014年，中国豆粕产量达到了5400万吨。随着消费的增加，我们面临着艰难的选择：要么扩大国内种植，要么增加进口。而在国内种植7500万吨大豆，需要4000万公顷土地，为此还不得不进口至少2亿吨粮食。如此一来，答案就不言而喻了。2011年中国进口大豆5264万吨，2015年进口8000万吨，近年已经超过了9000万吨。

这是一组值得国人反思的数据，我国种植大豆的历史超过4500年，却在短短40年间发生了角色反转，这折射出了背后深刻的问题。据记载，1909年时任美国农业部土壤局局长的富兰克林·哈瑞姆·金（F. H. King）来中国考察，总结了中国大豆种植的优势，尤其强调了大豆与其他作物轮作、混种、间种、套种。自此美国的大豆产业开始腾飞，此后更是借助强大的科研实力异军突起，以孟山都、先锋等大型农业公司为依托，执世界大豆产业之牛耳。

纵观历史，人类文明的起源和发展与几种植物的驯化和栽培休戚相关。东亚、东南亚、南亚文明的代表是长江文明，粮食基础为水稻；西亚、北非、欧洲文明的孕育者是小麦；而玉米则是美洲印第安文明的根基。曾经，中国作为世界上最发达的国家，作为四大文明古国当中唯一薪火不断的国度，经由陆上及海上丝绸之路，向外传播的不仅有大豆种子，还有相关的技术与文化。美国之所以成为超级大国，是因为背后有强大的科技力量支撑。国家繁荣的基础是农业，农业发展的根本驱动力是科学技术。大豆生中国，希望不久的将来，古老的大豆能够借助新兴的科技在中华大地上重放异彩！

第二章

健康动力

　　"药食同源""是药三分毒"，以植物次生代谢产物为基础，古老的东方文明创造性地将食物与药物辩证联系起来，先后发现了约1200种药用植物，不但对中草药的疗效与毒副反应有明确论述，更将各种药材配伍形成数不胜数的方剂。从临床明星紫杉醇、青蒿素，到备受争议的板蓝根、麻黄草，从"高高在上"的救命人参到"接地气"的枸杞与罗汉果，我们的饮食与健康都同植物息息相关。随着科学技术的进步以及对天然药物研究的日益深入，中草药必将在现代医学的指导和辅助下存菁去芜，实现其营养与保健的重要价值。

抗疟神药

　　青蒿（*Artemisia annua*）属菊科蒿属，是一种单年生草本植物，因为生着淡黄色半球形头状花序，俗称黄花蒿。在春天的田野中，这种其貌不扬、毫不起眼的小草，如果不是因为植株散发出清爽的香气，可能没有人会注意到它的存在。"萧萧风树白杨影，苍苍露草青蒿气。"白居易在悼亡诗《哭师皋》中，用绿草青蒿比喻师皋善与人相处的平易性格，说明在国人的观念中，青蒿随处可见，平凡无奇。然而，在我国科学家屠呦呦因发现青蒿素而获得2015年诺贝尔生理学或医学奖后，普普通通的青蒿一夜之间家喻户晓，俨然成为明星植物。

　　青蒿这种小草是如何与疾病联系起来的呢？疟疾，民间称之为"打摆子"，是因按蚊叮咬或输入带疟原虫的血液而感染的虫媒传染病，最早见载于《黄帝内经》，在我国先秦时期就

青蒿植株标本图

已经出现。在古代，疟疾被认为是最可怕、最凶猛的一种传染病，即使到了近代，疟疾也是威胁人类生命的一大顽疾。在青蒿素问世之前，全世界每年约有4亿人感染疟疾，至少100万人死于此病，疟疾与艾滋病、癌症一起被世界卫生组织列为三大死亡疾病。所以，自古至今，人们一直在苦苦寻找着抗疟神药。相传，南美安第斯山脉的印第安人很早就发现，将当地金鸡纳树的树皮泡水后能够治疗发热高烧，也就是现在所说的疟疾。印第安人一直严守着金鸡纳树的秘密，直到17世纪，在为一位名为安娜·辛克那（Ana Chinchon）的西班牙伯爵夫人治疗疟疾的时候，才泄露了这个秘密。如获至宝的西班牙人将这种树皮带回欧洲，称其为"秘鲁树皮"。1742年，瑞典植物学家林奈（Carl Linnaeus，动植物双命名法创立者）正式以伯爵夫人的名字为这种植物命名——不想却出了拼写错误，漏掉了名字（Chinchon）里的一个字母：cinchon（金鸡纳树）。而金鸡纳霜另一个为人熟知的名字"奎宁"则是源自印第安土著语——kinin，意为"树皮"。英语、西班牙语根据kinin的发音创造出了quinine，音译成中文就成了"奎宁"。就这样，被西方社会誉为抗疟神药的奎宁诞生了，由于供不应求，曾经一度价比黄金。

随着奎宁需求量的节节上升，以人工方法制造奎宁就成为必需。但直到1945年，奎宁的人工合成才得以实现，使得价格大幅下降，让更多的人可以使用奎宁来治疗疟疾。但人们很快发现一个不幸的事实：随着奎宁的大量使用，传播疟疾的疟原虫产生了抗药性。于是，从二战后期开始，美国就开始着手研究奎宁替代药物。20世纪60年代初，疟疾再次肆虐东南亚。1965年越南战争期间，美、越两军在疟疾多发地区展开了旷日持久的鏖战，因疟疾去世的人数甚至远远超过战斗中的死亡人数。这迫使美国投入巨资研制新药，先后开发了氯胍、里氟喹、多西环素、凡西达等多种奎宁替代药物。但这些药物无一例外地具有临床上的副作用，而且都很容易使疟原虫出现抗药性。

即使如此，美军的情况也好于越南方面。饱受疟疾之苦的越南向中国紧急求助。在这种背景下，同时出于自身实际需要，我国于1967年启动了代号为"523"的绝密项目，超过60家科研机构的约500名科学家参与了该项目，旨在研发一种新的抗疟疾药物。这一次，我国科学家将目光对准了古籍中记载的治疗疟疾的中草药方剂。让国人感到自豪的是，古代中医治疗疟疾的方法很多，且可以标本兼治，例如唐代王焘所著

青蒿花器官解剖图

《外台秘要》中收录的治疟药方多达85种。而使用青蒿治疗疟疾，首见于东晋。在此之前，我国现存最早的中药学著作、东汉时集结成书的《神农本草经》中就已经提到了青蒿，但并非用于治疗疟疾，而是主治疥瘙痂痒、恶疮，并用来杀虱。东晋葛洪所著的《肘后备急方》，第一次明确记载青蒿有治疗疟疾的功效。其中"青蒿方"云："又方，青蒿一握。以水二升渍，绞取汁，尽服之。"此后中医用青蒿治疟疾便多了起来，李时珍的《本草纲目》对青蒿功效的介绍更多，称其除治疗疟疾外，还能治痨病、刀伤、牙痛等。但须要注意的是，青蒿并不是古代中医治疗疟疾的主要药材，常山与蜀漆等中草药更受青睐。古代中医认为常山治疗疟疾的效果优于青蒿，正所谓"先服常山，无不断者"，而青蒿的治疗效果到底如何则没有说明。因此，我国古代医者应用青蒿治疗疟疾及其他疾病的历史虽然悠久，且成果斐然，却惜乎没有进一步的科学研究，未能充分挖掘出青蒿的抗疟潜力。

在搜寻整理了一系列方剂和民间偏方后，屠呦呦和她的同事们验证了青蒿杀灭疟原虫的功效。随后面临的巨大挑战就是确定青蒿中对疟疾有治疗功效的主要成分，并据此开发出可以提升产量和改进疗效的合成工艺。屠呦呦的主要功绩是她研发出了可以最大限度从青蒿中提取有效成分的新型工艺。经过不断实验，屠呦呦和她的实验小组于1971年发现，只有青蒿叶子才含有抗疟有效成分，而利用35 ℃的乙醚代替水或者酒精才能提取出这种有效成分——一种无色针状晶体。这个工艺，正是从植物中成功提取青蒿素的关键。伴随着青蒿素纯品的提取，对它的化学研究和合成也迅速展开，人们发现青蒿素是一种有过氧基团的倍半萜内酯，并很快通过人工合成的方法获得了青蒿素。大规模使用青蒿素治疗疟疾的时代终于来临。

青蒿素治疗疟疾的原理是什么呢？科学研究发现，青蒿素是一种倍半萜内酯过氧化物，它的分子结构中存在一种特殊的过氧桥基团，这个过氧基团正是发挥抗疟作用的核心武器。疟原虫体内的亚铁血红素和游离的二价铁原子能够激活青蒿素，在这种激活状态下，青蒿素分子内的过氧桥断裂，生成相应的氧自由基，然后经过一系列的化学反应生成更强的碳自由基。这些碳自由基就发挥了活性中间体的作用，能够破坏疟原虫细胞脂质体和液泡膜。同时，碳自由基也可以与疟原虫蛋白质作用，抑制疟原虫蛋白活性从而导致疟原虫体内发生氧化应激和细胞损伤，最终达到治愈疟疾的效果。得益于屠呦呦发现的青蒿素制备方法，过去十年全球的疟疾感染率下降了40％，死亡率下降了50％。如今，以青蒿素类药物为主的联合疗法，已经成为世界卫生组织推荐的抗疟标准疗法，是公认的目前治疗疟疾的最有效手段。此外，青蒿素类药物也是抵抗疟疾耐药性效果最好的药物。因此在2015年，屠呦呦被授予诺贝尔生理学或医学奖，这也是中国大陆科学家首次荣膺该奖项。

　　屠呦呦的研究发现被誉为中国"第五大发明"，青蒿素被世界卫生组织称作"世界上唯一有效的疟疾治疗药物"。"呦呦鹿鸣，食野之蒿。"青蒿素的应用，可以说造福了全人类，而屠呦呦个人也获得了属于自己的荣耀。但美中不足的是，虽然屠呦呦团队发现了青蒿素并不断研究改进，但青蒿素带给中国企业的经济效益却少之又少，其成果大多被欧美国家所享有。虽说"功成不必在我"，但由于知识产权保护的缺失，中国人发现了青蒿素，却错失了几十亿美元的专利市场，这不得不引起我们的反思。但我们大可不必心灰意冷，在探索植物奥秘、造福人类的征途中，中国科学家永不止步，必定会不断谱写出类似青蒿素故事的精彩篇章。

"万能灵丹"

　　提起饮料，除了茶和咖啡，中国人还非常熟悉"板蓝根冲剂"。头疼脑热的时候，来一杯热气腾腾的板蓝根冲剂，似乎症状立刻就缓解了。板蓝根是在我国一直被广泛使用的一味传统中药材，然而最为人津津乐道的是，板蓝根在每次传染病暴发时都能成为药店里最为抢手的药品。小到预防感冒，大到抗击非典，我们总能看到板蓝根"忙碌的身影"。价格低廉，声名赫赫，板蓝根是坊间最为盛行的"万能灵丹"。然而，家喻户晓的板蓝根你知道是由哪种植物加工而来的吗？它的药理是什么？板蓝根是否真如传说的那样包治百病？带着这些问题，让我们一起来了解板蓝根的前世今生。

　　板蓝根的中药基原是一类被称为"蓝"的植物。这个名字最早出现在《尔雅·释草》中："葴，马蓝。"荀子在《劝

菘蓝花序与果实解剖图

学》中用"青出于蓝而胜于蓝"比喻学术上的后起之秀，这里的"蓝"指的是可以提炼颜料的蓼蓝。唐代苏敬等人修订的《新修本草》中记载："蓝有三种，一种叶围径二寸许，厚三四分者，堪染青，出岭南，太常名为木蓝子；陶氏所说乃是菘蓝，其汁搏捋为淀甚青者；本经所用乃是蓼蓝实也……"。可见书中记录的木蓝、菘蓝、蓼蓝三种植物在唐代均可入药。明代李时珍所著《本草纲目》对蓝的种类进行了扩充："蓝凡五种，各有所治……蓼蓝叶如蓼，菘蓝叶如白菘，马蓝叶如苦荬。"此外，在《神农本草经》《本草经集注》《本草图经》《三农纪》《植物名实图考》等古代著作中均有对蓝这类植物的记载，并且对植物的形态、性味及功效等进行了细致的描述。在古籍记载的这五种蓝中，除了吴蓝目前尚不清楚是哪种植物，其余的四种蓝均已经找到对应的物种。木蓝（*Indigofera tinctoria*）为豆科木蓝属植物，在我国安徽、台湾、海南等省份有栽培。蓼蓝（*Polygonum tinctorium*）为蓼科蓼属植物，在我国南北各省均有分布。菘蓝（*Isatis indigotica*）为十字花科菘蓝属植物，在我国北方各省及安徽、浙江有种植。马蓝（*Baphicacantus cusia*）为爵床科马蓝属植物，分布在我国南方及中南半岛，常见于潮湿的地方。

　　我国古代被称为"蓝"的五种植物均有药用价值，那么哪一种才是今天我们喜闻乐见的板蓝根的中药基原呢？回答这个问题，会牵出一段关于南北差异的小故事。我国北方地区多种植菘蓝，并以其干燥根入药，称为板蓝根。而南方地区多用马蓝的干燥根入药，因其形状、功效与北方的板蓝根相近，也被叫作板蓝根。那么，南、北板蓝根是否也有"李逵"和"李鬼"之分呢？这个问题还不是那么简单呢。我国权威的《中华人民共和国药典》在首次收录"板蓝根"时，将菘蓝和马蓝视为同种药品。直到1995年《中华人民共和国药典》才正式将北板蓝根和南板蓝根确定为两个法定的板蓝根品种。所以，当你去药店选购药品时要分清是北板蓝根还是南板蓝根。严格来讲，我们常说的板蓝根，指的是菘蓝的干燥根。

　　市面上销售的板蓝根药材常会出现混淆，但实际上南、北板蓝根是两种药物。南、北板蓝根在临床上均做清热解毒的中药使用，可两者在性状、化学成分、药理作用、功效等方面虽有相似之处，却也存在着很大差异。相较而言，目前对北板蓝根的研究更加全面，涉及化学成分、药理活性、作用机制、提取工艺、临床应用等各个方面，并且取得了一定的成果。现代医学研究表明，北板蓝根是一类主要针对机体的抗感染药物，具有较强的抗病毒活性，同时还有抗细菌内毒素、改善机体免疫功能、抗肿瘤及抑菌抗炎等多重药理作用。植物来源的药物之所以具有药用价值，是因为含有特定的植物次生代谢产物（与维持植物自身的基本生命活动无关，可以帮助植物产生某种适应性的代谢产物）。目前科学家从北板蓝根中分离得到的次生化合物包括生物碱类化合物、黄酮类化合物、木脂素类化合物、有机酸类化合物、三萜和甾类化合物及其他类型化合物近百种，富含各种氨基酸，此外还含靛蓝、靛玉红、靛甙、芥子甙，以及抗革兰氏阳性和阴性细菌的抑菌物质及动力精（又叫激动素，一种植物激素）。南板蓝根有清热解毒、凉血消斑的功效，主要用于治疗风热感冒所导致的咽喉肿痛、温病发斑、丹毒流行性感冒、流行性腮腺炎等。研究表明南板蓝根具有广谱抑菌作用，尤其对大肠杆菌和金黄色葡萄球菌的抑菌活性显著，明显优于北板蓝根。而南板蓝根不含芥子苷，因此与北板蓝根相比，南板蓝根对革兰氏阳性菌、革兰氏阴性菌、腮腺病毒的抑制作用弱。从药理作用来看，板蓝根注射液对甲型流感病毒、乙型脑炎病毒、腮腺炎病毒、流感病毒有抑制感染作用。以解热、抗炎实验结果比较，北板蓝根的作用则要优于南板蓝根。

菘蓝植株标本图

　　板蓝根真的可以包治百病吗？答案显然是否定的，甚至有些类型的感冒也不适合服用板蓝根，板蓝根尤其不适用于风寒型感冒、暑湿伤表感冒、气虚感冒和阴虚感冒。健康的人服用过多的板蓝根可能会伤及脾胃，还可能导致皮肤过敏，严重的可致过敏性休克。这是因为植物中很多次生代谢产物都具有细胞毒性，尤其在摄入浓度过高的情况下毒性更强。因此服用前最好还是要咨询专业医生。现在市面上销售的复方板蓝根颗粒也有两种，一种以北板蓝根为主药，一种以南板蓝根为主药。购买时要注意区别，如果是细菌型感染则要购买以北板蓝根为主药的复方板蓝根颗粒。虽然同为板蓝根，但是南板蓝根与北板蓝根不可以相互替代，我们在购买和服用的时候都要注意，切忌混同。除了通过药品的名称，还可以通过药品的成分进行区分：北板蓝根是菘蓝的干燥根，南板蓝根是马蓝的干燥根。看到这儿，想必你对板蓝根又有了新的了解，所以再看到有人把板蓝根当成"万能灵丹"滥用时，或许你可以对他们说"不"。

罗汉果

罗汉果（*Siraitia grosvenorii*）是葫芦科罗汉果属多年生藤本植物，主要产于广西桂林。它成熟的果实味道芳香甜美，被人们誉为"神仙果"，是国家首批批准的药食两用食物之一。关于罗汉果名字的起源，有一个有趣的传说。罗汉果最初长在山上并不为人们所知，有一位姓罗的樵夫在上山砍柴的时候，不幸砍中了一个马蜂窝，受惊飞出的马蜂蜇伤了他。恰在此时，他注意到身旁藤蔓上结着一种奇怪的果实，果实散发着沁人心脾的香味，于是，他摘下果实，用汁液涂抹被马蜂蜇伤的地方，疼痛立刻缓解了。他下山以后，把采来的果子给母亲吃下，老人家咳嗽的顽疾也痊愈了。这件事情被路过的汉郎中知晓，汉郎中便拿这些果子入药为大家治病。后人为了纪念二位的功劳，便各取两人姓名中的一个字将这种果实命名为"罗汉果"。

"团团硕果自流黄，罗汉芳名托上方。寄语山僧留待客，多些滋味煮成汤。"这是南宋诗人林用中赞美罗汉果的一首诗，名为《赋罗汉果》。诗人对罗汉果的描述十分形象，即使没有见过罗汉果，我们也可以在脑海中勾勒出罗汉果的形态来。在藤蔓上成串生长的罗汉果是绿色椭圆形的，与猕猴桃有些相似。但罗汉果表面的果毛呈绒状，比猕猴桃的刺状果毛要柔软光滑得多，而且柔软的曲面还有一丝亮光。垂满枝条的累累硕果散发出沁人的芬芳，外表圆滚滚、滑溜溜的，像小和尚的脑袋，又像罗汉的肚皮。绿色鲜果可以生食，剥开外壳，可以见到嫩黄的果肉，一股清香扑鼻而来，食之甘甜，谓之"团团硕果自流黄"。果柄的颜色变黄就表示果实成熟了，这时罗汉果的表面是黄褐色的。经过烘干或者风干的罗汉果，不仅便于储存和运输，食用起来也更加方便。干化的罗汉果既可以单独泡水也可以与茶一起泡饮，还可以熬汤或者煮粥。一个罗汉果通常可以加三四斤水煮汤，正可谓小身材大能量。正如前面诗中提到的，罗汉果"煮成汤"滋味绝佳。

市场上有一个有趣的现象，就是罗汉果通常是论个售卖的，并不按斤计价。这又是为什么呢？原来，干燥后的罗汉果很轻，单个果实的重量只有十六七克的样子，可浮于水面之

罗汉果

上。因此，按斤计价不如按个头计价来得方便。罗汉果在市场上根据大小分成五个等级，个头越大等级越高。怎么挑选罗汉果呢？有个顺口溜，"一看二摇三碰四泡"。"一看"，就是看罗汉果的表型特征。干化之后的罗汉果要呈现出黄褐色，绒毛越多说明品质越好。"二摇"，是说拿起一个罗汉果在手里摇晃，摇晃发出的声音越小越说明中间物质没有松动，罗汉果的质量也就越好。"三碰",意思是拿着两个罗汉果相互碰撞,可以发出清脆声音的为上品。"四泡",即从泡水之后的香甜口感上直观感受果实的品质。

广西永福县是罗汉果的发源地和主产地,被誉为"中国罗汉果之乡"。当地人不仅把罗汉果作为一种特色植物来种植,更走上了产业化的道路,将罗汉果的种植及加工发展为一个新的产业,不仅直接销售干果,还把罗汉果压碎加工成各种饮品,甚至制成罗汉果口服液等药品,行销国内外。桂林山水甲天下,罗汉果是蕴藏在这山水中的一个宝物。大家如果有机会去漓江,在欣赏美景之余,也不妨一尝罗汉果的滋味。

"罗汉果小功效大,润喉止咳把痰化。"化痰止咳是罗汉果的主要功效,历版《中华人民共和国药典》均有收载。此外,它还具有相当高的营养价值,富含氨基酸、维生素(尤其是维生素C)及多种微量元素等。尤其值得一提的是罗汉果中含有丰富的甜苷,其化学组成为葫芦烷型四环三萜皂苷,其中罗汉果甜苷是主要的甜味成分,干重含量可达1.6%。从罗汉果果实中提取的甜苷作为天然非糖甜味剂,甜度是蔗糖的300倍,而且几乎不含热量,是糖尿病和肥胖症患者理想的食糖替代品,也可以作为低热量天然甜味剂应用于饮料与食品添加行业，具有广阔的开发前景。

罗汉果应用方面还存在一些制约因素。目前罗汉果完全依赖传统栽培方式，适生区域狭窄，连作障碍严重，加之果实产量低，导致甜苷生产成本居高不下，严重妨碍了罗汉果的推广应用。我国科学家已经完成了对罗汉果基因组测序的工作，发现其基因组大小与水稻基因组近似。掌握了罗汉果全部的基因组信息，就可以逐步破译罗汉果植物的基因构成，解析其基因功能，绘就一张罗汉果的"生命之图"。

随着对罗汉果基因的深入研究，科学家发现可以从两个相互关联的方面着手提高罗汉果甜苷的产量。首先，通过厘清与罗汉果甜苷合成相关的基因，可以阐明植物体内的合成途径，查明限速步骤（限制合成总量的节点）。继而就可以利用分子生物学手段改造或优化限速步骤对应的基因，增加其表达强度或者催化活性，使得合成效率得到提升，从而获得甜苷含量更高的罗汉果植株，并加以栽培推广。其次，阐明了罗汉果甜苷合成基因，就使得科学家能够将罗汉果与葫芦科其他产量更高的植物进行比较，发现罗汉果中合成甜苷的特殊基因，然后利用遗传工程将相关基因引入其他果蔬品种（例如黄瓜等）中，使其产生罗汉果甜苷。

麻烦草

中医药是我国的宝贵医学财富，为中华民族的繁衍昌盛做出了巨大贡献。2016年12月6日，中国政府首次发布《中国的中医药》白皮书，系统介绍了中医药的发展脉络、特点及中国发展中医药的政策措施，展示了中医药的科学价值和文化特点。植物是中医药的重要来源，区分药用植物的种类与功效，需要系统学习和专业实践。我国也流传着很多关于中医药的逸闻与传奇，比如下面这个关于无叶草的故事。相传古时有一位挖药的老人，收了一个自视甚高的徒弟。徒弟学会了一点皮毛就开始自我陶醉，不但目无师父，还将师徒二人卖药所得据为己有。师父遂将徒弟逐出师门，并告诫他说，有一味叫无叶草的药材不能乱卖，还要他记住一句用药口诀："发汗用茎，止汗用根，一朝弄错，就会死人！"徒弟有口无心地复述着师父的口诀，就与师父分道扬镳，各自卖药了。

没有了师父的管束，徒弟卖起药来更加肆无忌惮，有一次就将无叶草卖给了病人，哪想到病人吃了徒弟的药后命丧黄泉。徒弟被病人家属告到了县衙，县官询问徒弟是谁教给他的医术，怎么胡乱用药出了人命。于是师父也被带到了县衙，师父问徒弟可记得出师门时背诵的口诀。徒弟准确无误地背出了口诀："发汗用茎，止汗用根，一朝弄错，就会死人。"县官质问徒弟："病人有无发汗？"徒弟答道："全身虚汗不止。"县官又问："那你用的什么药？"徒弟说："无叶草的茎。"听到这里，县官大怒拍下惊堂木："好不糊涂！已全身虚汗竟然还用发汗的药，怎的不出人命！"于是师父被当堂释放，而半瓶子醋的徒弟被判入狱。徒弟在狱中认真反省，洗心革面，出狱后认真踏实地跟随师父采药救人。后人用这个故事告诫人们使用无叶草的时候要分外小心，因为一旦弄错就会酿成大麻烦，无叶草也就被称为"麻烦草"了。

无叶草，其实就是麻黄，在植物分类上属于麻黄科麻黄属的草本状灌木植物，包括草麻黄（*Ephedra sinica*）、木贼麻黄（*Ephedra equisetina*）与中麻黄（*Ephedra intermedia*）。这种植物当真无叶？化石证据表明，无叶草的祖先在大约1亿年前

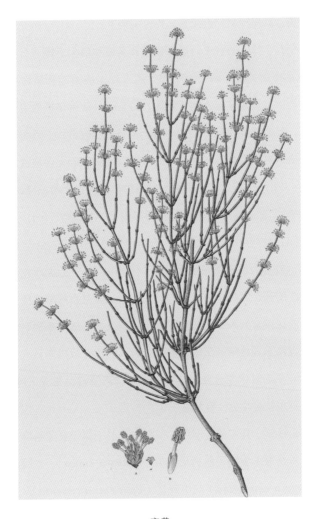

麻黄

叶片就已经极度退化为茸毛状，看起来就像没有叶子一样。叶片是植物进行光合作用的最大场所，植物将叶片"隐形"，通常情况下都是为了应对极端环境。例如，适应沙漠干燥环境的仙人掌，就将叶片高度退化成针状。麻黄主要分布在辽宁、内蒙古等北方地区，也是为了适应长期干旱的环境而将叶片"隐形"了。

麻黄是一味著名的中药，李时珍《本草纲目》这样描述麻黄："其味麻，其色黄。"这就是麻黄名字的由来。上面那个故事当中提到的发汗、止汗的功能，基本上囊括了麻黄发汗散寒、宣肺平喘、利水消肿的功效。这味传统中药距离我们并不遥远，日常使用的感冒止咳药，例如复方盐酸伪麻黄碱缓释胶囊，就含有麻黄或者它的类似物伪麻黄。天下谁人不感冒，感冒就用麻黄药。麻黄作为一味传统中药材，在多种药方中都可以见到，属于温辛解表药。除了治疗感冒，古人还将麻黄、龙脑香和丁香等馨香料做成"香口丸"，用以清新口气，就像现在大家熟悉的口香糖一样。香口丸广受欢迎，大臣们上朝前会提前将之含在嘴里，上朝谈论家国大事时就能做到"呵气如兰"了。可见麻黄在古代不仅仅是感冒药，还是口腔清新剂。故事当中那不学无术的徒弟混淆了麻黄的根和茎酿成了大麻烦，而今天所说的麻黄一般就单指它的茎。根据《中华人民共和国药典》（2010年版）规定，"麻黄"为麻黄科植物草麻黄、中麻黄或木贼麻黄的干燥草质茎。现代医学研究表明，作为重要的药用植物，麻黄中生物碱含量丰富，主要有效成分是麻黄碱。感冒药中的人工合成成分也就是这个麻黄碱，它除了具有上面说的平喘、利尿、发汗的作用外，还被证实具有调节血压、兴奋中枢神经、抗病毒、抗氧化的药用价值。

麻黄为我国提制麻黄碱的主要植物。那是不是分清了麻黄的茎和根，"麻烦草"就不会引起麻烦了呢？不像中医配制的中草药，现在药品当中的麻黄成分都是纯度很高的提取物或者是由人工直接合成的。上面提到，麻黄碱具有兴奋中枢神经的功能，也正是由于这一点，含有麻黄成分的常见药物就被一些居心不良的人盯上了。他们大量购买感冒药，从中提取麻黄碱，作为制造毒品冰毒的原料。2014年有一起新闻报道，说的就是某品牌感冒药被人大量购进后，经由一些简单的分解提纯转化步骤，加工成了冰毒。报道称涉案人员购买800余盒某品牌感冒药，提炼加工出95克冰毒！每盒感冒药仅售十几元，加工成毒品后，每克成本在百元左右，但转手就以千元乃至万元的高价出售。因其易操作和高回报，近些年感冒药制毒事件屡见报端。

　　麻黄类感冒药的这个漏洞，其实早就被人们认识到了。1988年联合国就出台了《联合国禁止非法贩运麻醉药品和精神药物公约》，这个公约将麻黄碱和伪麻黄列入了精神类药品名单。我国也相继出台了各项法律法规，例如2012年国家食品药品监督管理局联合公安部和卫生部共同发布了《关于加强含麻黄碱类复方制剂管理有关事宜的通知》，规定"药品零售企业销售含麻黄碱类复方制剂，应当查验购买者的身份证，并对其姓名和身份证号码予以登记"。这就是"实名制购买感冒药"，在当时引起了不小的舆论关注。虽然给感冒患者带来了小小的不便，但政府对含麻黄等成分的药品加强管控还是极为必要的。

　　古语云："是药三分毒。""麻烦草"，使用得当就是治病药"草"，使用不当就只剩下"麻烦"。中医药是中华传统文化海洋里不可或缺又熠熠生辉的一颗明珠，却由于传承的断续和不当开发，险些成为沧海遗珠。现代医学已经逐步证明了中草药中的有效成分，2015年屠呦呦正是凭借青蒿素而摘得了诺贝尔生理学或医学奖，再一次证明了中草药的科学性与强大生命力，我国古代的医学典籍因此又被人们重新重视起来。同时，这也在提醒人们，只有正确科学地研读古代医学典籍，运用科学的逻辑思维和严谨的科学方法才能将诸如青蒿、麻黄等传统中药发扬光大。

土中瑰宝

　　中草药多如繁星，有一种格外与众不同——它是传统中医里的一味药材，是传说中能起死回生的宝物；又是日常生活中易见易得之物，可在超市和药房中随意购买；还经常出现在影视作品中。它有"百草之王""不老草"等美誉，因外形酷似人形，不但极易辨认而且充满神秘色彩。说到这里，你一定已经猜到，这种中草药就是人参。人参在我国已有两千多年的应用历史，中国现存最早的中药学典籍《神农本草经》详细记载了人参"补五脏，安精神"的药用功效。有趣的是，人参的拉丁学名为*Panax ginseng*，而*Panax*在希腊语中意为包治百病的灵丹妙药，可见人参的作用不单单为国人所认可。

　　人参是五加科多年生宿根草本植物，叶子是掌状复叶——不同年份的植株复叶的形状也不尽相同，夏季会结出鲜红色

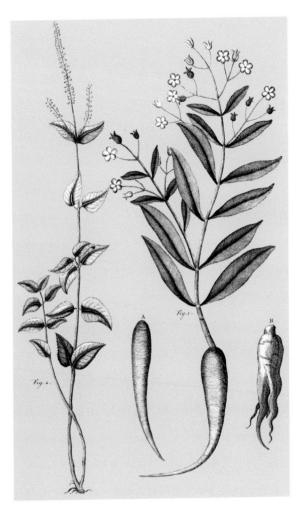

人参植株标本图

的浆果。人参不但是珍贵的中药材，而且是地球上最古老的孑遗植物之一。人参如此非同凡响，自然也是"高冷"的。人参的叶片没有多数陆生植物都具有的气孔和栅栏组织，因而无法保留水分并有效散热，环境温度高于32℃时，叶片就会被灼伤。人参对生长环境要求很高，最喜欢冷凉湿润的气候。人参的耐寒性强，一般生长在北纬40—45度的地区。人参全身都是宝，它的各个部位都有药用价值（入药的主要部位是根），堪称"土中瑰宝"。

人参为什么有这么神奇的药效呢？原来，人参中有一种叫作人参皂苷的天然产物，它是人参的主要次生代谢产物，也是人参滋补功效的主要活性成分。对人参皂苷的研究可追溯至1854年，美国科学家加里奎斯（Garrigues）从人参中首次分离出了人参皂苷。人参皂苷是次生代谢物的一个大家族。20世纪60年代，日本天然药物化学家柴田承二（S. Shibata）首先鉴定了几种人参皂苷的化学结构，进一步促进了人参皂苷的研究。目前已经从人参中分离出了至少60种人参皂苷，包括被命名为Rg1、Rg2、Rg3、Rh1、Re、Rb1、Rb2等的不同类型。

人参中有这么多种人参皂苷，它们的药效有什么区别吗？研究表明，人参皂苷Rg1能够促进人类的认知能力，促进脑部神经的发育，在治疗阿尔茨海默病和其他神经退行性疾病方面有着巨大的潜力。Rg1也是人参抗疲劳作用的主要有效成分，其抗运动性疲劳的作用可能与其能抑制运动所致骨骼肌细胞损伤有关。此外，这种人参皂苷还有抗癌、抗衰老和提高免疫力的功效。对人参皂苷Rg3的国内外研究表明，它具有抗肿瘤的作用，能使癌细胞"主动死亡"（又称为细胞凋亡，是细胞启动致死程序导致的细胞死亡）。癌症之所以难以治愈，是因为癌细胞能够不受控制地无限增殖并破坏正常的细胞组织，而Rg3可以诱导癌细胞凋亡并抑制其增殖，从而产生抗癌作用。其他人参皂苷也有类似的功能，例如人参皂苷Rh2能有效阻止肺癌细胞增殖，促进肺癌细胞凋亡，从而抑制肺癌的发展。此外，人参皂苷Rh2还能阻止与白血病相关的细胞恶性增殖，因此在白血病治疗方面，人参可能会成为一种极具开发利用价值的药物。临床研究表明，多种人参皂苷还是治疗心血管疾病的理想药物。

值得注意的是，多种人参皂苷具有相似的生物活性，因此人参皂苷可能并不是单枪匹马地在人体内战斗，而是协同作战，人参的药用效果可能是各种活性物质综合作用的结果。那么除了人参皂苷，人参中还有其他的药用成分吗？答案是肯定的。近年来，人参多糖作为一种发挥药效的活性成分越来越受到科学家们的重视，自1966年人参多糖首次被科学家发现以来，不断有不同结构特征和不同活性的人参多糖被发现和报道。什么是多糖呢？多糖是一类由多个单糖聚合而成、结构复杂、数量庞大的糖类物质，而单糖是构成各种糖分子的基本单位。如果把单糖比作积木块，多糖就是由许多积木块搭成的"高楼大厦"。

人参多糖对人体有怎样的作用呢？大量实验已经证实了人参多糖具有抗肿瘤、调节免疫力、抗氧化、降血糖等功效。临床试验发现，人参多糖还能减少放射治疗带来的副作用。在一项最新的研究中，中国科学家利用药物破坏小鼠的免疫系统，再将这些免疫力受抑制的小鼠分成两组，一组施加适量的人参多糖，而另一组不施加人参多糖（作为对照组）。实验人员发现，与对照组相比较，施加人参多糖的小鼠的免疫力有显著恢复。这项研究表明人参多糖在癌症和免疫缺陷疾病的治疗方面具有广阔的应用前景。此外，在另一项研究中，科学家用类似的方法证明了人参多糖能降低药物处理导致高血糖的小鼠的血糖含量。人参多糖在人参产生药效的过程中扮演着重要角色。其他中药材中也有多糖，比如灵芝多糖和黄芪多糖，而人参多糖的淀粉含量更高，结构更复杂。在中国，人参多糖已经成为治疗各种类型的感染和癌症的商业产品。除了人参皂苷和人参多糖外，人参中还有许多其他的有用物质，例如有机酸、挥发油和多肽等，它们对人体来说也是重要的"补品"。小小的人参蕴含着多么丰富的宝藏！

众所周知，人参生长在中国东北、朝鲜、韩国和俄罗斯东部阴凉的森林中。由于生长环境不同，不同地区所产人参的品种和质量也有很大差别。在中国境内，吉林省长白山地区所产的人参质量最好，产量最大。与中国毗邻的朝鲜半岛以出产高丽参闻名。高丽参表面为红棕色，因其主根少有分叉，又称为别直参。在遥远的北美洲五大湖附近还生长着人参家族的另一个成员——西洋参。西洋参（*Panax quinquefolius*）又称花旗参，是和中国人参同一祖先的新种和变种。1854年，加里奎斯就是从西洋参中首次分离得到人参皂苷的。不同于中国人参应用历史悠久，西洋参从被发现至今仅有300年的时间。虽然都是人参，西洋参和中国人参在人参皂苷的种类和含量上却有很大差别。西洋参中人参皂苷Rb1的相对含量是中国人参的2倍以上，而中国人参的人参皂苷Rg1含量比西洋参高。传统中医认为，以药性而言，西洋参性凉，人参性微温，两种人参适用

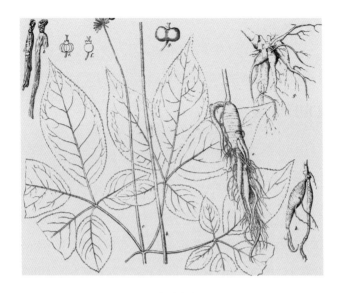

人参叶与根

于不同体征的人群。

　　人参作为珍贵的中药材，在我国传统中医的发展中一直扮演着重要角色。现在，人参已经不仅仅是一味药材，添加人参成分的化妆品已经开始在市场上销售，很多基于人参药理作用的药物也被研发了出来。国内外学者已经展开了对人参药效成分的研究，以期能将其更广泛地应用于疾病治疗，让这个"土中瑰宝"为全人类的健康做出更大的贡献。

枝间玛瑙

"僧房药树倚寒井，井有香泉树有灵。翠黛叶生笼石甃，殷红子熟照铜瓶。枝繁本是仙人杖，根老新成瑞犬形。上品功能甘露味，还知一勺可延龄。"这是唐代著名诗人刘禹锡的一首咏物诗。枝丫条条青葱，"玛瑙"点点其间，煞是好看。那么，诗人描写的是什么植物呢？这首诗题目是《枸杞井》，源自一个有趣的传说。传说唐朝时期，在润州开元寺有一口水井，井里的水来自山泉，而山泉上游长有很多茂盛的枸杞树，枸杞果实成熟后就落入泉水之中。寺中僧人常年饮用浸泡过枸杞的泉水，个个红光满面，鹤发童颜。周围的人听说后也纷纷跑来饮用此处的泉水，"枸杞井"的美名不胫而走。刘禹锡当年到访开元寺，听到这个传说后就留下了这首诗。

枸杞（*Lycium chinense*）是茄科枸杞属植物，枸杞属的属名*Lycium*来源于希腊语lykion，意为多刺植物。枸杞这个名称始见于《诗经》，据李时珍考证，"枸杞，二树之名。此物棘如枸之刺，茎如杞之条，顾兼名之。"可见，中外的人们都注意到了枸杞多棘刺的特点并据此命名。枸杞可分为中华枸杞和宁夏枸杞两个主要品种。在植物形态上，中华枸杞较为矮小，叶片通常为卵形、卵状菱形、长椭圆形或卵状披针形，果实甜而后味微苦，种子较大，长约3毫米。而宁夏枸杞较为高大，叶片通常为披针形或长椭圆状披针形，果实甜而不苦，种子较小，长约2毫米。

食用的枸杞是植物枸杞的果实，有很多俗名：苟起子、枸杞红实、红耳坠、血枸子、枸杞豆等等。这些别称也分别反映出了枸杞果实色泽鲜红、状如耳坠、肉质饱满等特点。中国生产枸杞最负盛名的地方，是丝绸之路所经之地——宁夏。宁夏枸杞药用价值最高，自古被奉为地产药材，因此有"世界枸杞在中国，中国枸杞在宁夏"的说法。植物生长得好，自然是因为当地的独特环境。宁夏的土壤条件和昼夜温差正适合枸杞的"脾气"。"黄河九曲十八弯，弯到宁夏绿满川。"黄河流入带来了丰富的矿物质，独特的水质灌溉出了"宁夏枸杞"的美名。

枸杞养生的观念在中国人的思想中根深蒂固，《本草纲目》

枸杞叶子互生或簇生

记载枸杞具有"补肾生津，养肝明目"的功能。《中华人民共和国药典》（2010年版）将宁夏枸杞、琼珍灵芝、长白人参、东阿阿胶并称为"中药四宝"。那么，枸杞中究竟含有哪些有益于人体健康的成分呢？目前，已经进行过的研究主要聚焦在枸杞多糖和玉米黄素两种物质。枸杞多糖是由6种单糖构成的一类复杂的可溶性碳水化合物，和蛋白质形成分子量在22—25千道尔顿的复合物。利用纯化后的枸杞多糖提取物在老鼠身上实验发现，枸杞多糖可以使体内免疫细胞活跃起来，从而提升机体免疫力，进而达到抗癌的目的。并且实验还发现，食用枸杞后的动物体内各项与抗氧化相关的成分也有所增加。这些结果初步表明枸杞多糖可能具有抗菌抑癌的功能。除此之外，研究人员还发现，食用枸杞后人的肠道功能有所提升，睡眠质量也得到了改善。

　　枸杞最为人熟知的功用是它的明目功能。从小到大，在煲汤做粥的时候，妈妈们总不忘加一把枸杞。她们认为，枸杞会保护孩子们的眼睛。妈妈们的想法有科学道理吗？我们先来了解一下眼睛的工作原理。人眼的视网膜就像照相机里的感光底片，专门负责感光成像，并通过神经将图像信号传递给大脑。眼睛看着一个东西时，物体的影像通过眼球的屈光系统，落在视网膜上。视网膜上不同位置的感光能力是不同的，有个被称为黄斑区的地方，位于视网膜中央，是视力最敏感区，负责视觉和色觉的视锥细胞就分布在这里，因此黄斑部一旦有病变就会引起视力的明显下降。黄斑区上有一些色素帮助感光成像，例如高密度的玉米黄素和叶黄素。大量研究结果表明，玉米黄素可以吸收蓝色光线——这是一种对视网膜最具损伤性的光线。玉米黄素是一种很有效的"蓝光过滤器"，保护着黄斑区的视锥细胞。但是人体是无法自行合成玉米黄素和叶黄素等黄斑色素的，必须通过外源食物获得，就像人体每天要通过食物摄取必需氨基酸一样。

枸杞是最富含玉米黄素的天然植物。可能读者会疑惑：既然叫"玉米黄素"为什么不是玉米中含量最高呢？数据表明：枸杞中玉米黄素的总量在1毫克/克以上，是黄玉米中含量的40倍以上。而这种色素之所以被称为玉米黄素，是因为科学家首先在玉米中发现了它并进行了研究。玉米黄素已经被研究证实具有抗氧化、预防白内障等作用。同时还有研究表明，在饮食中加入枸杞能够增加血浆中的玉米黄素含量。枸杞的明目功能依赖于其中玉米黄素等类胡萝卜素的存在，这类物质进入人体后起到维持视网膜黄斑色素密度从而保护视力的作用。须要指

枸杞植株标本图

出的是，绿色叶类蔬菜、水果和黄玉米中均富含玉米黄素。因此，要知道枸杞是否具有独特的、不可替代的护眼明目作用，还需要更进一步的研究。

枸杞作为著名的药食两用中药材，用于治疗血虚萎黄、目昏不明等病症的历史已经超过了2500年。现代医学也逐步证明了枸杞中部分成分的药用价值，但是还没有充分坚实的实验证据证明枸杞提取物中的其他成分对于改善视力具有协同作用。这就要求科学家们利用更多的现代科学手段，例如多学科交叉的技术和方法，从药理、生理、代谢、细胞生物学等多方面进行更为深入扎实的研究，更加充分地揭示枸杞明目功效的具体活性成分及其相互作用机制，为枸杞作为药食两用的保健品提供更翔实更可靠的科学依据。枝间玛瑙再闪耀，还看今朝！

怀璧其罪

"怀璧其罪"这个成语，出自《春秋左传》，指财能致祸，也比喻有才能的人容易遭受嫉妒和迫害。某些植物因为含有对人有用的代谢产物，往往就会沦为人们滥采滥伐的对象而遭遇生存威胁，比如曾经风靡全球的紫杉醇。谈到紫杉醇，人们最容易将它和乳腺癌联系在一起。随着"世界癌症日"（2月4日）的设立，人们对"癌"有了越来越多的了解，对这种"杀手疾病"也更加重视，对癌症的疗法和药物研发投入了极大关注。20世纪90年代，美国国家癌症研究中心率先发现来源于植物的紫杉醇对癌症有独特疗效，紫杉醇也因此被封为"癌症克星"。人们对紫杉醇的巨大需求，威胁到了提供紫杉醇的植物。那么，紫杉醇是从哪里来的？它又是如何"克制"癌细胞的？带着这些问题，我们走近紫杉醇一探究竟。

红豆杉 (*Taxus wallichiana var. mairei*) 是植物学上红豆杉属植物的通称，共约11种，是经历了第四纪冰川保留下来的古老孑遗树种，在地球上已有250万年的历史，是植物中的"活化石"。红豆杉主要分布在北半球温带和亚热带地区，中国、印度、尼泊尔、美国、加拿大、欧洲是红豆杉属植物的主要分布区。科学家们对红豆杉属植物一直很感兴趣，进行了很多化学研究，因为它们是公认的濒临灭绝的天然珍稀抗癌植物。1971年，美国化学家瓦尼 (M. C. Wani) 和沃尔 (Monre E. Wall) 等人利用微量分离纯化技术、核磁共振及X射线衍射等多种技术分析发现，红豆杉树皮中含有一种具有抑癌活性的化学物质。他们解析了这种物质的化学结构，将它命名为紫杉醇 (taxol)。随后，这种化学物质就以taxol的商品名进入了市场。

紫杉醇 (包括化学衍生物紫杉烷) 是如何"克制"癌细胞而成为癌症"克星"的呢？真核细胞中有一种基本的结构叫微管——以两条类似的多肽 (α 及 β) 为亚单位先形成二聚体，然后再由很多个这样的二聚体组装形成。微管的主要功能是维持细胞的形态，在细胞运动性、信号传递及细胞内物质运输等方面都发挥着重要功能，就如同城市中的公路系统。这些功能

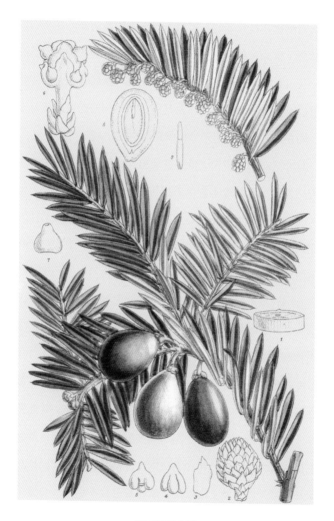

红豆杉标本图

对所有细胞都是重要的，但对不同细胞的意义却不尽相同。有些细胞（例如癌细胞）分裂旺盛，而多数细胞分裂较少。细胞在分裂过程中，会形成一个特殊的结构叫作纺锤体，主要是由微管以及附着在微管上的一系列蛋白质所构成的复杂超分子结构，因在显微镜中看起来形似纺锤而得名。

20世纪80、90年代，世界各地科学家进行了长期的探索及研究后发现，紫杉醇不影响癌细胞的DNA及RNA合成，也不损伤DNA分子，而是使得组成微管的微管蛋白二聚体活性发生变化，诱导和促进微管蛋白聚合，形成特异的、更为稳定的微管蛋白束，从而对纺锤体的形成产生抑制作用。这种作用对几乎所有细胞都不利，但对于迅速分裂的癌细胞更为不利。因为癌细胞在分裂时如不能形成纺锤体，细胞分裂和增殖就会受到极大抑制，这样一来，癌细胞就容易被其他药物或处理控制。紫杉醇已经被成功且广泛应用于乳腺癌、肺癌、卵巢癌等多种恶性肿瘤的治疗。在治疗那些难治疗的、转移性的、其他药物治疗无效的、被人们称为"超级癌细胞"的顽疾方面，紫杉醇也有很大潜力。自1992年12月美国食品药品监督管理局批准紫杉醇针剂临床应用及上市以来，紫杉醇已经在世界上60多个国家相继获得临床应用批准，我国自行研制的针剂于1995年10月获准临床应用及上市。

紫杉醇抗癌功能的发现和临床应用，是人类的福音，但对红豆杉属植物来说，却差点儿引来灭顶之灾。红豆杉属于常绿乔木，天然的红豆杉属植物在自然界中非常稀少，因为这种树木生长缓慢且较为分散，被《濒危野生动植物种国际贸易公约》列为保护物种。国外常见的红豆杉主要分布在欧洲和北美，包括欧洲红豆杉、加拿大红豆杉、佛罗里达红豆杉、短叶红豆杉和球果红豆杉等。在我国，红豆杉被列为国家一级保护植物，共存红豆杉属11种植物中的4种及1个变种，包括东北红豆杉、云南红豆杉、西藏红豆杉、中国红豆杉和南方红豆杉，主要分布在西藏、云南、东北及南方部分地区。其中南方红豆杉也叫美丽红豆杉，是红豆杉的一个变种，而西藏红豆杉则是我国独有的红豆杉属植物。

红豆杉属植物是目前已知提取抗癌物质紫杉醇的唯一植物资源。在中国古代就有关于红豆杉属植物的药用记载。《中药大辞典》《中华药海》《中国药用植物志》都记载了红豆杉有利尿，通经，治疗肾脏病、糖尿病等作用。紫杉醇及其衍生物药理的发现，以及它防癌抗癌的巨大药用功能，使红豆杉属植物成为人们征服癌症的"希望之树"。市场需求增大，导致

红豆杉的条形叶

供需矛盾突出。由于红豆杉植物中紫杉醇含量很低，树皮中的含量约为0.01%—0.07%，树枝、叶子、木质部中的含量更低。为了获得紫杉醇，人们不惜剥离红豆杉的树皮。人们的生产经营活动使红豆杉属植物被大量砍伐，生态受到严重破坏，有限的资源迅速减少，本已濒危的古老树种陷入更为濒危的境地。红豆杉属植物，真称得上植物界"怀璧其罪"的代表了。

为了在保护红豆杉和满足对紫杉醇的需求之间找到平衡，科学家们进行了很多探索。方法之一是人工培育种植红豆杉。但因生长环境所限，红豆杉难以大面积推广种植，并且红豆杉生长缓慢，难以满足市场需求。那么，有没有生产紫杉醇的新资源或新途径呢？科学家在合成紫杉醇的过程中发现，有一种紫杉醇类似物，其作用与紫杉醇相似。可见找到紫杉醇的替代物是有可能的。实践证明，开发与紫杉醇作用相似的新一类抗癌药并非痴人说梦，而是完全可能的。科学家们尝试用化学合成的方法获得紫杉醇及紫杉醇类似物，生产抗癌药物。

这些化学合成方法分为全合成和半合成，各有千秋。半合成方法是对从红豆杉树树叶中提取到的紫杉醇前体进行化学加工，使其转变为紫杉醇类似物。相对于全合成方法来说，半合成操作较为简单且成本较低，更具商业应用价值。科学家们还探索了利用植物细胞工程方法获得紫杉醇——人工培养红豆杉细胞并使其合成紫杉醇或紫杉醇的衍生物，然后再收集细胞并提取——的可能性。这种方法解决了生产紫杉醇的原料来源问题，还降低了生产成本。当然，如果可以通过遗传工程的方法使得红豆杉细胞以外的细胞也可以合成紫杉醇，那就可以进一步提高生产效率。科学家已经发现，寄生在红豆杉上的一些内生真菌也能生产紫杉醇，是一种很有价值的生物资源。

植物中含有种类繁多、功能多样的化合物，人类对这些化合物的发现和需求，使得很多植物都陷入了与红豆杉类似的境地。随着科学技术的进步，相信不久的将来，在科学家们的积极努力下，人类不但能够攻克目前让人谈之色变的疾病难题，同时也能够开辟新途径，在保护生态环境的前提下获取各种各样有着广阔应用前景的药源。让红豆杉这样的珍稀植物不再"怀璧其罪"，在地球家园重现芳华吧！

爱你不容易

"麻屋子，红帐子，里面住着白胖子。"花生（*Arachis hypogaea*）是豆科一年生草本植物，也叫落花生、长生果。因为富含人体所需的氨基酸、不饱和脂肪酸、糖类、核黄素等多种维生素以及钙铁等矿物质营养成分，这种产量丰富的坚果在中华饮食文化当中扮演了众多角色，既是大菜中的点缀，又是凉菜中的主角。夏天的夜晚，劳作一天的人们都喜欢用冰镇啤酒就着一小碟或煮或炸的花生米赶走一天的疲劳。花生酥糖、鱼皮花生、花生酱等，也是生活中不可或缺的零食。可就是这样一种人们都喜闻乐见的美味食材，却因为食物过敏而让不少人想说"爱你不容易"。

食物过敏是一种非常常见的自身免疫疾病。过敏者食用某些食物后会引起强烈的生理反应，有时甚至会休克或死亡。比

花生的荚果

较常见的过敏有花粉过敏、海鲜过敏、杧果过敏及花生过敏。花生过敏因为在欧美国家频发而受到高度重视。仅在美国，每年就有约100人死于花生过敏引发的过敏性休克。在英国，每200人中约有1人对花生敏感，每年大约有10人因为花生过敏死亡。研究表明，食物过敏的人群中有30％的人会对花生过敏。另一项随机的电话调查显示，被调查的4374个家庭中，0.4％的儿童和0.7％的成年人发生过花生过敏。综合其他研究，估计花生过敏的发生率在发达国家为0.6％—1.0％，在儿童中尤为突出。2011年对38 000个家庭的调查显示，美国有8％的儿童受到食物过敏症的困扰。另外，估计有590万18岁以下的儿童患有食物过敏症。而在中国，花生过敏发病率相对较低。1986年叶世泰等人在《我国常用食品致喘40例分析》中指出，花生等油料作物位居食物过敏原的前列。李宏和张宏誉对在协和医院就诊的过敏患者的调查显示，约有4％的患者是对花生过敏。

究竟是什么原因使得这么多的人唉花生而色变呢？一个巴掌拍不响，过敏是人体免疫系统对外来物质做出的过激反应，因而也与自身的免疫系统有关。外来物质通过食用、呼吸或接触进入人体后，通常都面临两种命运：要么被识别为有用或无害物质，最终被人体吸收利用或自然排出；要么被识别为有害物质，机体的免疫系统启动将其驱除或消灭。免疫反应是人体防卫体系的重要功能，但是如果这种反应超出了正常范围，免疫系统对无害物质也进行攻击的话，这就是过敏。过敏反应实质上是一种自身免疫疾病，因为免疫系统的无端攻击会损害正常的身体组织，造成对人体健康的不利影响。和许许多多的种子植物一样，花生种子中有很多的种子球蛋白与伴球蛋白，因为花生种子大约1/3是蛋白质，所以花生球蛋白与花生伴球蛋白的含量都很高。花生种子中这些特定的蛋白质正是引发过敏的"罪魁祸首"。目前已确定了9种花生过敏蛋白成分，其中花生球蛋白Ara h1和Ara h2被认为是主要的过敏原，由这两种蛋白导致的过敏患者占到了花生过敏患者的90%。

相关研究发现，花生过敏原蛋白进入易感个体后，会产生对这些蛋白特异的人体抗体（免疫球蛋白）。这些抗体会被免疫细胞（例如肥大细胞和粒细胞）表面的受体所识别，从而使机体处于致敏状态。当人体再次接触这些过敏原时，致敏免疫细胞就会被激活，产生一系列的化学反应，激发免疫系统的异常活动，最终造成一系列过敏性伤害。简单理解起来就是，首先，会产生过敏反应的人必须是对花生种子蛋白敏感的易感体质；其次，过敏反应不是在易感体质人群首次接触花生时就会发生。第一次接触的时候只是机体处于致敏状态，此时体内产生了对花生种子蛋白有特殊反应的某种免疫物质，并与致敏细胞结合在了一起。当机体再次接触花生种子的时候，花生种子蛋白中的那些致敏蛋白成分就会与这种免疫物质发生反应，接着致敏细胞就会释放组织胺、白介素和前列腺素等化学信号，就像吹响了战斗号角一样，使得人体的免疫部队——各种免疫细胞和免疫球蛋白等，朝"出事地点"蜂拥而去，进行一场围歼战，然后机体就会因为细胞和组织受损而出现各种过敏反应。

花生过敏的症状有时会相当严重，即便是极其微量的接触也可能导致死亡。外媒曾报道过一对恋人，因为一人食用过花生制品后与另一人亲吻，而导致后者过敏而死的案例。因此，花生过敏患者应严格避免接触花生，留意食品的成分标签，注意那些可能导致过敏的食物添加剂，如氢化植物蛋白等。我们还应该了解过敏反应的早期体征，学会对过敏症状的初步治疗。尤其是儿童，应尽早确认过敏原，随身标注过敏状况，以方便紧急时刻进行医疗救援。

为什么花生过敏在我国并不像在欧美那么常见呢？原来，饮食文化在漫长的人类进化过程中对人的体质发生了潜移默化的影响，东西方花生过敏的发生率也因为饮食文化的差异而出

花生标本图

现了差异。欧美等发达国家人群对花生过敏的情况更为普遍，一是由于发达国家接触和食用的坚果品种更多，他们食用面包等食物时往往习惯添加一些拌酱、调料等，这些添加物中往往含有花生等坚果类物质；二是从"环境清洁理论"来说，欧美等发达国家与欠发达国家相比，人群周围环境清洁程度相对更高，人们接触外来抗原少，致敏性就更大。须要指出的是，虽然我国已经是世界上最大的花生生产、消费和出口国，但由于饮食习惯的原因，我国生产的花生主要以油用为主（因而显著减少了花生蛋白的摄入），仅30%左右被直接食用（欧美国家70%—80%的花生被直接食用，在美国有超过90%的家庭食用花生酱）。因而可以预想，随着花生，尤其是花生蛋白制品食用量和频率的增加，我国易感人群中出现花生过敏现象的情况很可能会大幅增多，这不能不引起我们的重视。

花生，如此为人喜爱，却又如此危险。这是人与植物千百万年来相互适应的经典例子，也是人类探索自然奥秘过程中遇到的波折。目前，全世界的科学家们仍在孜孜不倦地探寻各式各样的生命线索，去破解食物过敏的谜题，更为重要的是在破解谜题后找到有效的应对方案，让人们可以毫无后顾之忧地享受各种各样的美味食物。

第三章

百般滋味

风帆剪开万里波涛，世界因而变得更小。文明的交流碰撞，科技的日新月异，使得人们对于食材的选择，早已摆脱了本能依赖，超越了就地取材。山楂的酸甜开胃，竹笋的鲜脆清爽，板栗的软糯回甘，番茄的浓郁傲娇，花椒让舌尖跳舞，辣椒让味蕾狂热……在现代社会厨艺达人凭借共同智慧和独特经验巧妙运用各具特色的植物，烹制出各种令人垂涎的美味肴馔。百般滋味正如人生百态，食材中的酸甜苦咸组合出千变万化的复合味道，满足人们于热量和营养之外的无尽需要，而味道也成了记忆最深处乡情乡味的文化符号。

无辣不欢

　　如果说有什么食物最是让人吃起来"痛并快乐着"，即使流下热泪也会笑着吃下去，那肯定非辣椒莫属了。辣椒拥有怎样的魔力，竟能霸道地占领千家万户的餐桌，塑造出一个无辣不欢的时代？辣椒（*Capsicum annuum*）是茄科辣椒属一年或多年生草本植物，原产拉丁美洲热带地区，如今在世界各地普遍栽培。辣椒是人类最早栽培的农作物之一，考古证据表明，人类种植辣椒的历史可追溯至公元前5000年—公元前3400年。古印第安人栽培的辣椒，不仅是食物，还是进贡国王的贡品和祭祀用的祭品，阿兹特克人甚至用辣椒来交税赋。

　　那么辣椒是怎么开始世界征程的呢？故事得从大航海时代开始说起。最先把辣椒带到欧洲的是西班牙人哥伦布，他的船队第一次横渡大西洋，发现美洲新大陆之后，没有发现苦苦寻找的香料胡椒，却阴差阳错地把辣椒误当作胡椒带回了欧洲。但那时辣椒并没有成功地成为胡椒的替代品，只是被当作稀罕的新大陆植物种植在植物园中供人观赏。同时期和西班牙人一起到达美洲的葡萄牙人却并没有停步，达·伽马绕过非洲的好望角之后，发现了通往东方印度的航线。在美洲大陆上发现的辣椒种子，也随着葡萄牙的航船绕过好望角在东非登陆了。也许是冥冥之中注定的相遇，东非人喜欢浓烈刺激的食物，舶来的辣椒很快就在非洲传播开来，以至于在之后的美洲奴隶贸易中，辣椒竟然成为非洲奴隶们在北美唯一可以回味故乡的食物。葡萄牙的航船经过漫长的印度洋之旅挺进南亚次大陆，经历风浪后辣椒的种子竟然在遥远的印度落地生根，与当地热烈奔放的咖喱的相遇，使得辣椒迅速在南亚大陆上散播开来，在印度人的香料王国中牢牢占据着一席之地。

离开印度之后，辣椒继续乘着葡萄牙人的风帆，一路高歌猛进，在中国浙江登陆。明代高濂在《遵生八笺》中记载："番椒丛生，白花，果俨似秃笔头，味辣色红，甚可观。"因由外国人经海路引入，便有了"番椒""海椒"之称。辣椒刚传入中国时的遭遇与西班牙人初次将其带回欧洲时相似，一开始并没有走上餐桌，而是被人栽在花盆里赏玩。辣椒成为食物已

辣椒标本图

是清朝时候的事情了，最早大量食用辣椒的地区是贵州。康熙六十一年《思州府志》记载："海椒，俗名辣火，土苗用以代盐。"嗜辣的风气后来慢慢影响了临近的湖南和四川。嘉庆年间，四川吃辣椒的风潮似乎一夜之间兴起："惟川人食椒，须择其极辣者，且每饭每菜，非辣不可。"至道光年间，用辣椒入肴的风俗已经遍及全国了。

　　辣椒最初的名字虽为"番椒"，百姓却习惯称其为"辣角"，不仅形象地说明它形如尖角，还因为它和中国本土的"椒"并非一物。辣椒舶来之前，"椒"指原产中国的花椒和越椒（食茱萸）。辣椒不但成功将食茱萸挤出了餐桌，更与花椒分庭抗礼，融入了中国的饮食文化。"酸甜苦辛咸"五味中的"辛"字，原本代表一切具有刺激气味的食材，而随着辣椒的上位，我们口语中五味的表述演变成为"酸甜苦辣咸"。从"番椒"到"辣角"最后而为"辣椒"，这小小的番物已经成功打进了中华文化的内部，卧底逆袭了。

　　在辣椒的原产地中美洲热带地区，生长着30种左右的辣椒属植物，而我们现在吃的辣椒则是其中被人们栽培驯化的5种之一。玛雅人最早吃到的辣椒是草本辣椒，为多年生植物，但是经过几千年的栽培，已经逐渐驯化为一二年生的植物，生长周期大大缩短。同时变化的还有口感，野生的草本辣椒不是很辣，后期印第安人将草本辣椒培育出很多种类，包括没有辣味的甜椒、辣度适中的番椒、辣度"感人"的墨西哥辣椒三个最出名的栽培种。多彩的不仅是辣椒的口感，还有辣椒迷人的"容颜"。辣椒果实的样子千变万化，大到如苹果一样的甜椒，肉厚多汁，有黄、红、绿等颜色；小到如小指一般的杭椒，香辣爽口。草本辣椒经过驯化生长周期已经大大缩短，播种发芽后三个多月便可以开花结果，这也使得它的栽培范围可以从热带一直延伸到温带。这样广泛的适应性让更多的人接受了它，使其改头换面之后频频出现在无辣不欢的餐桌上：尖椒肉丝中微辣的牛角椒，郫县豆瓣、豆豉辣酱、辣椒油、辣椒粉所必需的大红袍辣椒，剁椒鱼头里的线辣椒，杭椒牛柳里的杭椒……

辣椒在大航海时代随着风帆一步步征服了世界，成为当前全世界种植面积最广的作物之一。栽培辣椒种类超过2000个，已经成为名副其实的"世界食物"，根植于各国饮食文化之中：中国四川的麻辣火锅，印度火热的咖喱，韩国的泡菜，墨西哥的辣椒沙司，意大利的辣椒汁……纵然品类繁多，辣椒的魅力总脱不开一个"辣"字。1912年美国药师史高维尔（Willbur Scoville）发明一种标示辣度的单位——史高维尔单位，即以糖

辣椒的花与果实

水稀释到原浓度的多少分之一才能使人感受不到辣味为度量。人们通常食用的辣椒食物，辣度多在2000史高维尔单位以下。而吉尼斯纪录中，人类培育出来的辣度最高的辣椒品种——卡罗来纳死神，其辣度达到了惊人的150万—220万史高维尔单位！

那么辣椒为什么会让人感觉到辣？辣是一种怎样的体验？人们主要是通过舌头上的味蕾细胞尝出各种各样的味道的。味蕾细胞和身体皮肤上用来捕获感觉的其他细胞一样，在其膜上有一种叫瞬时受体电位通道的结构。哺乳动物身体中大约有28种这样的通道，用于感知痛、热、冷、震动、渗透压等。辣椒中有一种叫辣椒素的成分，它能让一种名为TRPV1的通道（一种蛋白质）特异性地兴奋起来。在高温下TRPV1的结构会发生变化，从而向大脑发出疼痛的警报，让人赶紧躲开高温源。TRPV1通道还是体温调节中的一个环节，这也解释了为什么食用含有辣椒素的食物会导致流汗。如此一来，食用辣椒就变成了十分怪诞的行为：明明是危险预警，却成了追逐的对象。这种行为或许就源于人类在天生强烈的好奇心驱使下追求烧灼快感的逆反心理吧？

辣椒，以艳丽的色彩和奇妙的口感令人难以忘怀，引领了饮食文明几百年的风骚。然而，掩盖在这锋芒之后的却是它富含营养的内涵。辣椒是蔬菜中的维生素C之王，每天食用70克的鲜辣椒就可满足人体对维生素C的全部需求。正是这个特点，使得它因帮助大航海时代的人们克服维生素C缺乏导致的坏血病而走上了世界舞台。无辣不欢的你想必一定有兴趣去进一步揭秘辣椒这种神奇的植物吧？

舌尖踢踏舞

　　川菜，是中国传统的四大菜系之一、八大菜系之一，堪称中华菜肴中的瑰宝。提到川菜，几乎所有人都能说出水煮鱼、水煮肉片、夫妻肺片、辣子鸡、麻婆豆腐、泡椒凤爪、麻辣兔头这些经典菜品，还有川菜的集大成者——麻辣火锅。想到这些经典菜品，不禁会口齿生津。而川菜最具辨识度的两大特点，一是热闹喜庆的红油，二是鲜香刺激的麻辣。在直击味蕾的麻辣中，"辣"来自于辣椒，而"麻"，则来自于花椒。那么在辣椒传入中国之前，川菜是怎样的呢？其实，在此之前中国就已经有了产生辣味的香辛料，最为常用的三种香辛料合称"三香"，分别是花椒、茱萸和姜。早在三国时期，川菜的滋味就有了雏形，《华阳国志》记载："蜀人尚滋味，好辛香。"蜀地的先民们正是靠着"三香"，奠定了川菜的味道基调。

花椒标本图

花椒（*Zanthoxylum bungeanum*）是一种在我国土生土长的芸香科花椒属落叶小乔木。2017年正式实施的《公共服务领域英文译写规范》，规定花椒标准英文名为"Sichuan pepper"。我国的花椒包括油叶花椒和毛叶花椒两个变种，因其叶缘和果实上有微微凸起的油点，可以产生成分复杂的挥发油，而具有独特的香气。但花椒最早并不用于烹饪。《诗·周颂·载芟》记载，丰收后祭祀祈福时，"有飶其香，邦家之光。有椒其馨，胡考之宁。"这是说在祭祀中摆上花椒，以祈祷家族安宁，来年风调雨顺。屈原在《离骚》中也写到巫祝使用花椒作为祭品："巫咸将夕降兮，怀椒糈而要之。"后人注释："椒，香物，所以降神；糈，精米，所以享神。"意思是巫祝想用一种花椒馅的粽子请神降临。可见，花椒最早是用作祭品的。

花椒也被用作非食用类的香料。除了屈原的《离骚》，《诗经》中也有将花椒作为香料使用的记载："东门之枌，宛丘之栩。子仲之子，婆娑其下。榖旦于差，南方之原。不绩其麻，市也婆娑。榖旦于逝，越以鬷迈。视尔如荍，贻我握椒。"这里讲述了一个浪漫的故事：少年喜欢上了一个女孩，邀请她趁着好时光去南原跳舞。女孩欣然应允，在一次美妙的约会之后，女孩送给了少年一把花椒作为礼物，少年收到后十分高兴，两人因而定情。这样的情景不仅仅存在于诗歌之中。考古学家在汉朝马王堆一号汉墓出土的文物中，就发现了四个香囊和六个绢袋，其中盛放着辛夷、肉桂、花椒、兰花等芳香植物，这说明盛着花椒的香袋在古时被人们用以寄托情意。

花椒同时也是一味中药，古人还认为花椒的香气可辟邪。成书于东汉的中药学典籍《神农本草经》中就记载花椒具有"坚齿发""耐老""增年"的作用。张仲景在《金匮要略》中也记载了花椒能够医治寒痛和饮食不振。而花椒树结实累累，又是子孙繁衍的象征，《诗经·唐风》云："椒聊之实，藩衍盈升。"正因如此，古代建筑宫廷时，将花椒掺入涂料以糊墙壁，这种宫殿称为"椒房"，是专门给宫中女子住的，后来更以"椒房"喻指宫女后妃。

那么这种曾经用来祭祀、熏香、治病乃至建筑的花椒，是怎样成为川菜核心口感来源的呢？让人念念不忘的麻感究竟是怎样一种味觉呢？事实上同辣一样，麻并不是一种味觉。食用花椒后，人会感到舌头、口腔发麻。古人对麻有着清晰的认知，没有将其归入"五味"，麻感和普通味觉感受并不一样，它更类似于撞击或者长期血脉不通畅引起的麻痹感。那么花椒带来的麻与手脚的麻，是生理上同一种类型的感觉吗？这需要科学实验来证明。

2013年英国伦敦大学学院的认知神经学家黑村之弘（Nobuhiro Hagura），带领团队做了一项名为"食物共振"的研究。他们发现，花椒如同一个振动器，其中含有的特殊化学物质导致人体感受到特定频率的振动，人体中特殊的感知神经纤维在感受麻的过程中起到决定性作用。黑村之弘前期的研究已经证明，花椒果实中含有的一种名为羟基山椒素的化学物质，这种物质是花椒令人感觉到麻的主要原因。羟基山椒素可能刺激了一组特殊的神经纤维，它能够对轻触和振动做出响应。黑村之弘和同事们就设计了一系列实验，以确定花椒造成的麻刺感是不是一种振动，是否有特定的振动频率。他们招募了28位志愿者，在他们的嘴唇上涂抹花椒溶液，大部分人都出现了刺痛、灼烧、麻痹的感觉。当麻刺感产生时，研究者启动志愿者食指上携带的机械振动器对其手指进行振动，并询问志愿者手指的振动频率比嘴唇感觉到的是高还是低。不断调试手指的振动频率，大约在50赫兹时，志愿者们反映手指的振动感觉和花椒带来的麻刺感是一致的。同样地，当志愿者嘴唇上被放置频率为50赫兹的机械振动装置时，他们也认为这种直接的振动感觉与花椒带来的麻刺感一致。最后，研究者将振动器放置在志愿者的嘴唇上进行长时间振动，以降低感知神经纤维的触感使其"懈怠"，当神经不那么敏感了，志愿者们感觉好像振动也减缓了。然后，再将花椒溶液涂抹到志愿者嘴唇上，果然他们感到花椒溶液"不那么麻了"。至此，科学家们证明了花椒是通过激活感知触觉的神经纤维，从而导致人体感受到一种近似于50赫兹的振动感，而这种舌尖上的"踢踏舞"就是麻味的实质。

想不到川菜中令人久久不能忘怀的麻辣口感，竟然都不是味觉体验！但火锅带给人们的口齿欢愉，并不会因此而减少分毫。先人在发现花椒的这种作用后，就不断尝试将新鲜采摘的花椒和花椒制品用于烹饪。川菜里的花椒有"先放后放""生放熟放""用面用口"的讲究。"先后"指下锅的顺序，例如做红烧食品，花椒要先下锅，和辣椒、豆瓣等调料一起烹炒；"生"指直接使用不烘干的生鲜花椒；"面"指用花椒果实烘干碾碎制成的花椒面。这诸般讲究，不但增加了滋味深度，还配合食材形成独特的口感。在先人唇舌上演绎了千百年的50赫兹舞蹈，必将继续散发它那独特的魅力。

寻鲜之路

食品作为满足人类营养需求的必需品，给人类的感官感受是食品品质的重要指标。衡量食物的滋味，一个重要标准就是"鲜"。而在餐桌上，人们对鲜味的追求比对其他味道，更是有过之而无不及。"鲜"字似乎已经超出味觉的范畴而上升为通用的赞美之词了，这条寻"鲜"之路又是如何铺就的呢?《说文解字》有云："鲜，鱼名，出貉国。从鱼，羴省声。"在没有保鲜设施的古代，死鱼是容易腐化的，"鲜"表示可安全食用的鱼。唐初的《尚书正义》卷五有云："《礼》有鲜鱼腊，以其新杀鲜净，故名为鲜，是鸟兽新杀曰鲜，鱼鳖新杀亦曰鲜也。"到了唐代，"鲜"的这层意思已经扩大到泛指所有"新杀"的动物。

《说文》中的"羴"，表示羊的气息，即膻味。因而"鲜"

香菇

还有一层意思是鱼和羊混合在一起烹煮的味道，这种味道非但不腥不膻，反而极其鲜美。白居易《斋居偶作》中写道："甘鲜新饼果，稳暖旧衣裳。"宋朝林洪也在记录了大量宋朝泉州著名菜谱的《山家清供》中用"其味甚鲜，名曰傍林鲜"形容竹笋。由此可以看出，"鲜"之味道已经由荤而素，两界"通吃"了。而习惯于向动物脂肪索食的西方世界，对鲜味的追求就没有那么狂热了，然而早在古罗马时期，鱼露这种鲜味调料就已经用于烹调了。

　　一直以来，人们对味觉的认识都主要集中于酸、甜、苦、咸四种，鲜并不被认为是一种独立的味觉。直到1908年，日本科学家池田菊苗（Kikunae Ikeda）偶然间品尝到了有鲜味的海带汤，他认定这是一种不同于以往四种味道中任何一种的味道，而海带中存在着某种成分是具有这种鲜味的。于是他开始了对海带的研究，终于从中分离出了谷氨酸钠，并用"umami"为鲜味命名。1913年，池田菊苗的团队成员石原慎太郎又从鲣鱼干中分离出了另一种鲜味物质肌苷酸。随后，蘑菇、香菇中的鲜味物质鸟苷酸也被发现。20世纪50年代，日本科学家国中明等发现核苷酸与谷氨酸盐相互搭配结合时，产生的鲜味高于两种成分鲜味的总和，也就是说，鲜味物质之间也存在着协同作用。即便如此，当时的主流科学界并没有接受鲜味是一种基本味觉的说法，反倒觉得它更像是对基本味觉起增强作用的味觉增强剂。

要证明鲜味是一种基本味觉，仅靠鲜味物质的分离与发现还不够，神经生物学上的证据尤为重要。20世纪90年代，研究人员通过对白鼠味觉神经电信号的研究，发现鲜味是不能用酸甜苦咸几种味觉混合形成的。1996年，美国科学家乔杜里（Nirupa Chaudhari）发现了第一个鲜味受体——谷氨酸代谢型受体mGluR4。2000年之后，TIR1/TIR3二聚体作为又一个鲜味受体被科学家发现。至此，鲜味是一种基本味觉，已经是不争的事实了。

　　现如今，人们对鲜味的了解程度已经大大提升，鲜味成分的神秘面纱也逐渐被揭开。目前我们已知的鲜味物质大致分为以下几类：游离氨基酸、有机酸、有机碱、核苷酸和鲜味肽。游离氨基酸中的谷氨酸和天门冬氨酸是影响食物风味最主要的因素，也是肉类食物鲜味的主要来源。有机酸以琥珀酸为代表，在贝类、香菇等食物中广泛存在，琥珀酸盐与谷氨酸盐的合用也有使鲜味增强的效果。有机碱的代表是甜菜碱和氧化三甲胺，氧化三甲胺在海产品中广泛存在，并且含量高于淡水水生生物中的含量，这也从侧面解释了为什么海鲜的鲜味比河鲜的要强。核苷酸以鸟苷酸、肌苷酸和腺苷酸为代表，能够延长鲜味物质和鲜味受体的结合时间，因此被用作鲜味增强剂。鲜味肽是一类具有鲜味的小分子肽，在多种蛋白质含量丰富的食物中广泛存在，也可被用作鲜味增强剂。

　　了解了鲜味的味觉机制之后，再回头看我们的饮食习惯，就会发现一些奇妙的巧合，比如，我们食用的鲜味食物大多是咸的，这与谷氨酸钠同食盐相互协同产生更强鲜味的事实不谋而合。而知道了不同鲜味食物之间存在相互增强作用之后，小鸡炖蘑菇、鲣鱼海带汤的做法就显得更为合理了。而葱、姜、蒜、芫荽、西芹这些在烹饪中用于去腥提鲜的调味植物，也是通过强化人们对鲜味的味觉反应而发挥作用的。科学家们的实验研究解释了一些看似不起眼的生活智慧，证明其背后确有理论依据——这就是科学的原始形态。而我们掌握了科学知识之后，又可以利用知识进一步了解世界、改造世界、改善生活，比如制造酱油和味精。人们沿着寻鲜之路一路走来，已经不再完全依赖大自然的馈赠，而是能合理有效地对自然产物进行改造和再生产。

关于鲜味更大的问题是：鲜味的本质是什么？我们已经知道甜味是感受糖的，咸味是感受盐的，而糖类和无机盐都属于六大营养素的范畴，因此这两种味觉属于"趋利"型。而为了维持生物体渗透压平衡，无机盐含量不能过高，所以过高的咸味会使人感到不适和厌恶。酸味和苦味的本质是防止被有毒的次生代谢产物伤害，使生物远离产生不悦口味的食物，属于"避害"型。而鲜味作为一种基本味觉，主要感受的是游离氨基酸和鲜味肽等物质。这也属于"趋利"，因为氨基酸是组成人体所需营养素中蛋白质的基本单位，对氨基酸的感受可以使生物去主动摄取含更多蛋白质的食物，以此达到补充营养的目的。

可以说，鲜味是蛋白质的信号。从这种角度看，鲜味味觉的出现，也是人类进化中不可忽视的重要事件。我们可以假设，像甜味、鲜味这样使人感到愉悦的味觉，和酸味、苦味这样使人感到不悦的味觉，都是生物趋向高营养食物而远离伤害的适应性进化的结果。时至今日，人类已经进化到无须借助味觉本能获取营养素了，但鲜味作为一种复杂而美妙的感觉，必然驱使人们在"寻鲜"这条漫漫长路上继续前行。

浪漫风味

西红柿，是生活中再平常不过的一种果蔬了。提起西红柿，人们脑海中首先闪现出来的可能是糖拌西红柿、西红柿炒鸡蛋这些中餐中最大众的菜肴。西红柿走上人类餐桌的历程，可谓既惊心动魄又富于浪漫。西红柿，也叫番茄、洋柿子，一个"西"、一个"番"、一个"洋"，道尽了番茄的舶来品身份。在植物系统分类上，番茄（*Solanum lycopersicum*）属于茄科番茄属，原本是一种生长在南美洲秘鲁森林里的野生浆果植物，矮小的植株上挂满红润润的樱桃一样大小的果实。

由于番茄的枝叶上长满了茸毛（表皮毛），并且分泌出的汁液会散发出奇怪的味道，对皮肤也有刺激作用，野生番茄最初被叫作"狼桃"，人们认为这种果实有毒而对它敬而远之。传说虽然可怕，却掩不住西红柿的美，其果实成熟时鲜红欲滴，红果绿

番茄复叶与花序

叶，煞是美丽。其实，西红柿很早就与人类结缘了。在南美西部安第斯山脉的狭长地带（今天的秘鲁、厄瓜多尔、玻利维亚等国）均有番茄野生种存在。最早人工种植番茄的是印第安阿兹特克人，距今约有8000年了。后来番茄传到中美洲，墨西哥的玛雅人和秘鲁的印加人都食用过它。据考证，现代栽培番茄起源于秘鲁印加人种植的醋栗番茄，它的样子更接近现代的圣女果。

16世纪，在欧洲探险者陆续到达新大陆之后，番茄立即吸引了他们的注意。据说，英国公爵俄罗达格里航海到南美洲，第一次见到番茄，便被它艳丽的色彩所吸引，于是将它从南美洲带回来作为礼物献给他的情人伊丽莎白。因此，番茄最初在欧洲被叫作爱情果、情人果。后来人们纷纷效仿，把番茄种在庄园里作为象征爱情的浪漫礼物赠送给爱人。番茄传入欧洲之后，很长时间一直被"圈养"在花园里。相传，有一位法国画家看到番茄美得如此诱人，便萌生了"一亲芳泽"的念头。他冒着中毒致死的危险，壮着胆子吃下了一个，穿戴整齐躺在床上等待死神的降临。然而过了许久也未感到身体有任何不适，便索性接着再吃，只觉得有一种酸甜的味道，身体依旧安然无恙。从此以后，"狼桃"被破解了有毒的魔咒，悄然走上人们的餐桌。

番茄这样一种浪漫的果实，在大航海时代经历了跌宕起伏，最终走向了世界。16世纪初西班牙人将番茄带出了安第斯山，引入欧洲。随后的殖民扩张，使得番茄被带到北美洲和加勒比海以及东南亚，然后进入亚洲大陆。据考证，我国种植的番茄是从欧洲以及东南亚传入的。清代《广群芳谱》的果谱附录收录了"番柿"："茎似蒿，高四五尺，叶似艾，花似榴，一枝结五实或三四实……草本也，来自西番，故名。"有趣的是番茄在众多国家的命运极其相似，哪怕是在集饮食文化大成的中国。作为果蔬中的"颜值担当"，番茄一开始多作观赏栽培之用，直到20世纪初，城市郊区才开始栽培食用，而番茄在我国的大面积种植则是在20世纪50年代之后。

生活中常见的番茄有两种截然不同的样子：一种大如拳头，著名家常菜西红柿炒鸡蛋使用的就是这种大番茄；还有一种比普通草莓略小，名叫圣女果——与大番茄主要作为蔬菜不同，圣女果是新近受热捧的一种水果。那么是怎样的驯化之路导致番茄走向了两种不同的方向呢？除此之外还有不是红色的番茄，这些品种又是如何培育的呢？这一切还要从16世纪初番茄被航海者带回欧洲大陆说起。番茄一直待在温暖潮湿的安第斯山脉区域，面对欧洲西北部的寒冷气候，难免水土不服，因此只能在南欧温暖的地中海区域正常生长。这导致了番茄在欧洲早期地理分布上的局限性。另外，西班牙的殖民者从印第安人那里只得到了有限的几个番茄品种，这使得适应新的地理分布的品种非常稀少。在两重因素的叠加作用下欧洲番茄遗传多样性较低，携带的有害基因不断积累，并在欧洲大陆逐步显现出来。这样一来，同早期强壮的野生种相比，栽培番茄相对羸弱，生长缓慢，对害虫和病菌的抵抗力低下。后来，番茄育种家们意识到了这一问题的严重性，于是开始将栽培番茄和它的野生亲戚杂交，经过200年的人工驯化才终于让番茄在欧洲大陆遍地开花。

在不断培育的过程当中，番茄逐渐形成了不同于野生种的栽培品种。植物学上把番茄分为有色番茄和绿色番茄两个亚种。前者果实成熟时有多种颜色，常见的大番茄和圣女果就属于这个亚种。后者果实成熟时为绿色，目前市面上也有绿色小番茄出售，它还有个好听的名字叫"绿宝石"。因为品相特殊，经常有人怀疑这些颜色、形状"奇特"的番茄是转基因产品，其实番茄最初被发现时就是小番茄，就是上面提到的秘鲁醋栗番茄。人们一开始是喜欢大果实的，于是就在选择和驯化的过程中逐渐淘汰了小个头的番茄品种。后来随着番茄从蔬菜逐渐跨界到水果，人们发现一开始的小番茄玲珑可爱，口感甜爽，因此小番茄的品种便经历了一次重发现的过程。可以说，浪漫的番茄经历了两次的驯化

多姿多彩的番茄果实

才呈现出了现在的多姿多彩。

番茄可不是空有一副好皮囊，食物的立身之本当然是营养价值。如今，无论在哪个国家番茄都是厨师们的宠儿，因其生熟皆可食用，尤其在中国菜中，番茄更是出尽风头。番茄炒蛋，是经常出现的一道经典菜肴，于简约平凡中尽显中华烹饪色香味融为一体的精髓。菜如其名，红红的番茄配上嫩黄蓬松的鸡蛋，加上简单的佐料，配上几片碧绿的葱花，绚丽的颜色和扑鼻的香味，顿时就让人食指大动。除此之外，糖拌西红柿、西红柿炖牛腩、西红柿打卤面也都是常见的美食。番茄含有丰富的营养成分，每天食用50—100克鲜番茄，即可满足人体对多种维生素和矿物质的需求。番茄中还含有丰富的抗氧化剂，可以防止自由基对皮肤的破坏，具有明显的美容抗皱效果，众多的化妆品公司也把番茄用作化妆品的新型原料。

历史总会有这样惊人的巧合，几个世纪前的番茄因为娇艳欲滴的样子被视为定情之果，几个世纪之后，番茄一变而为化妆品，成为名副其实的浪漫果实。而"番茄味"也成为烹饪中别树一帜的风味，与火锅、菜肴、零食、饮料邂逅而形成一道浪漫的风景线。世界各地的人们与番茄的缘分真可谓是"始于颜值，久于口感"。不知道再经过几个世纪，番茄与人类又会演绎出怎样的故事呢？

酸中带甜

　　山楂（*Crataegus phaenopyrum*），蔷薇科山楂属植物，是中国特有的药果兼用树种，在我国分布广泛，种植历史悠久。每年仲秋是山楂成熟的时候，布有浅色斑点的圆球形果实通体深红，挂满枝头，因此又名山里红、山里果、红果、酸楂等。鲜红的山楂果实非常诱人，但它皮硬而肉薄，又过于酸涩，因此不适合直接食用。聪明的人们就以山楂为原料加工各种零食，无论是果丹皮、京糕，还是山楂片、山楂条，因为加入了糖分又保留了山楂本身特殊的酸味，所以备受人们欢迎。说起与山楂有关的食品，人们的第一反应都会是冰糖葫芦。冬日的北风里，它是老北京的"糖葫芦"，是天津的"糖墩儿"，是安徽的"糖球"，是东北的"糖梨膏"，不管在哪里它都是最受欢迎的街头小吃。每逢春节，大街小巷张灯结彩，贩卖冰糖葫芦

山楂叶子有不同程度的羽状深裂

的小摊点缀其间，糖葫芦鲜红诱人的颜色与各种年味装饰相映成趣，红红火火，让人更加真切地感受到浓厚的节日氛围。

关于冰糖葫芦的起源，流布最广的说法是：南宋绍熙年间，光宗皇帝的爱妃黄贵妃生病了，食欲不振，面容憔悴。御医们想尽办法，开出各种名贵药材，而黄贵妃的病却依然不见好转。万般无奈之下光宗皇帝只好张榜求医，寻求民间的帮助。一位江湖郎中揭榜进宫为贵妃诊治之后开出药方：用冰糖和山楂煎熬，饭前吃五到十颗，不出半月即可痊愈。一开始大家还将信将疑，可贵妃照方服用后果然如期病愈。后来这种做法又传回民间，百姓们把山楂穿成串儿食用，就是如今冰糖葫芦的雏形。

随着时间的推移，冰糖葫芦成了风靡民间的小吃。清末富察敦崇的《燕京岁时记》就这样记载过："冰糖葫芦，乃用竹签，贯以山里红、海棠果、葡萄、麻山药、核桃仁、豆沙等，蘸以冰糖，甜脆而凉。"其做法显而易见，主要分为熬糖稀、穿签子、蘸糖、冷却四个步骤，其中最关键的步骤是熬糖和蘸糖。熬糖对火候和锅都有较高的要求，锅以紫铜锅为最佳，能够保证熬出来的糖颜色清亮。火候不能过，否则熬出来的糖颜色太深，口味发苦；也不能欠火候，否则颜色不透亮。蘸糖须要速度快，穿好的串儿在糖稀里一裹就要立刻在抹过油的石板上一拉一甩，在葫芦上形成一层薄薄的糖衣。在北京，最早售卖冰糖葫芦的店铺当数"不老泉""信远斋""九龙斋"这三家以出售蜜饯而闻名的老字号店铺。梁实秋先生在《雅舍谈吃》中这样记述道：冰糖葫芦"以信远斋所制为最精，不用竹签，每一颗山里红或海棠均单个独立，所用之果皆硕大无比，而且干净，放在垫了油纸的纸盒中由客携去"。与此同时，走街串巷挑着担子吆喝着"冰糖葫芦"的小贩也形成了一道独特的风景。由此看来，冰糖葫芦也已超出食物范畴而成为一种文化符号，代表着一个时代的风貌。

民国时期，冰糖葫芦在天津同样流行。著名评剧表演艺术家新凤霞曾经写过一篇回忆性散文《万年牢》，被收录在小学语文课本中。这篇散文记叙了新凤霞父亲"小辫儿糖四"的故事。主人公在制作糖葫芦过程中一丝不苟，认真实在，不来半点马虎：原料要选用最好的，"有一点掉皮损伤的都要挑出来"；糖稀的最佳原料是冰糖，以保证制作出来的糖稀蘸出来够亮；蘸糖手艺高超，能甩出长长的糖风，"好像聚宝盆上的光圈"。这样蘸出来的糖葫芦不怕冷不怕热不怕潮，因而叫作"万年牢"。这说明冰糖葫芦的制作离不开传统的技艺和绝不以次充

山楂花与果实

好的执着。也正是有了这些不做亏心买卖的匠人们的坚持，我们才得以在今天继续享受冰糖葫芦带给我们的愉悦体验。如今的冰糖葫芦虽然在做法上没有太大变化，但是原料已经不囿于山楂一种了，比较常见的还有山药豆糖葫芦、水果糖葫芦等，即使是山楂糖葫芦，也有将山楂切开在其中填充豆沙、瓜子仁、糯米的做法。传统工艺和现代原料相融合，为冰糖葫芦这一传统小吃注入了新的活力。坚守传统并不断创新，是所有行业发展的不二法门。

山楂不仅可以做成美味可口的小吃，它还有食疗的功效。许多医学古籍都对这一点有所记述。首先是助消化，因为山楂富含多种有机酸与维生素C等成分，能够降低胃液的pH值，进而增强胃蛋白酶的活性并促进食欲。我们熟知的健胃消食片，其中一大主要原料就是山楂。此外，上文提到的关于冰糖葫芦起源的故事中，贵妃患病很有可能是因为每日山珍海味食用得过多导致消化不良，这也从侧面体现了山楂在助消化方面的作用。其次，山楂中的山楂黄酮等物质能够通过抑制胆固醇的合成，降低血液中胆固醇和低密度脂蛋白胆固醇的含量，对治疗充血性心力衰竭、心律不齐、动脉硬化等心血管疾病有一定的功效。最后，山楂还有杀菌功效，对胃肠道感染中常见的金黄色葡萄球菌有较强抑菌作用，能够治疗肠道感染。由于山楂中含有山楂黄酮、维生素C等抗氧化剂，如今颇受关注的抗氧化食品中自然也少不了山楂的身影。

既然山楂有这么多功效，那么是不是服用得越多越好呢？当然不是。山楂富含有机酸，食用过多的话，主要成分为无机钙盐的牙齿可能会被酸侵蚀，牙齿健康会受到不利的影响。空腹食用山楂或者是食用过多，会导致胃酸分泌过多，对胃黏膜产生不良刺激而引起胃痛等不适反应。生山楂中的单宁酸还会增加患胃结石的可能性，这与《本草备要》中"（山楂）多食令人嘈烦易饥，反伐脾胃生发之气"之说不谋而合。美食虽好却不可贪吃，任何事物都有两面性，不能为了追求某一方面而忽视另一方面。物极必反，过犹不及，凡事控制在一定范围之内才合中庸之道。

其藢维何

古人喜以植物喻人，常将植物的形态特征、生活习性赋以高洁的品质，如莲之出淤泥而不染，如竹之历冰雪而不弯。"未出土时先有节，便凌云去也无心"可谓对竹子一生的最佳写照。竹子结构简单，如人坦荡；茎秆中空，如人虚心；竹节分明，如人有礼；昂然生长，如人奋发。中国画中，竹的形象最为简单，寥寥几笔，一停一顿，幽幽竹影便跃然纸上，自然流露一派风骨。

除去竹的图腾与象征意义，从分类学角度来讲，竹（bambusoideae）是一个很庞大、很有趣、很具有探索价值的类群，是禾本科竹亚科下北美箭竹族（29个属）和簕竹族（68个属，7个亚族）植物的总称，多为多年生木本或草本植物。有趣的是，竹可以进行无性繁殖（不经过开花结种的过

中空有节的竹子茎秆

程）和有性繁殖（经由开花的过程）。竹的无性繁殖靠地下茎（竹鞭）的生长。大致来讲，竹类植物按照其地下茎特征分为单轴型与合轴型两类：具有单轴地下茎的种，地面部分竹秆散生，称为散生竹，散生竹地下茎能继续生长，芽着生于地下茎两侧，侧芽发育成笋，如刚竹属、唐竹属；具有合轴地下茎的种，顶芽发育成笋，侧芽产生新地下茎，相连成合轴，地面竹秆多丛生，称为丛生竹，如华桔竹；有些类群如箭竹属，虽是合轴型地下茎，由于秆柄在地下延伸，地上竹秆呈散生状，称为合轴散生竹。大家在观竹时，应留心其形态特征。

竹的无性繁殖，造就了一种美味食材——竹笋。竹笋，也名竹萌、竹肉、竹胎，由竹的芽胞发育而来，在出土前及出土后木质化以前均可食用。竹笋生长速度十分惊人，有些种类的笋破土后半月余即可长到高及母竹。江南一场春雨过后，竹林中无数嫩笋便破土而出，形成"雨后春笋"之势。笋可供采收的时间十分有限，可谓是十分珍稀的食材了。竹笋在不同时期叫法各异，大致分为春、夏、秋、冬四笋，尤以冬笋滋味悠长。竹笋气味清馥，因富含谷氨酸，鲜美异常，可以搭配各种食材并为其提鲜。我国食用笋的历史十分悠久，《诗经》有云："其蔌维何？维笋及蒲。"又云："我有旨蓄，亦以御冬。"这说明早在先秦时期，国人就有食用笋和贮藏笋的习惯。而描写笋的诗句、记载笋的古籍更是不计其数，描写竹笋色泽形态的，如韦应物的"新绿苞初解，嫩气笋犹香"；刻画笋的美妙口感的，如杨万里的"可齑可脔最可羹，绕齿蔌蔌冰雪声"；以笋比喻美景美人，那正是"十指纤纤玉笋红"，想来比"指如削葱根"还要恰当几分。笋实用价值与风致意蕴并美，形成了我国独特的笋文化。

竹子的有性繁殖，表现为竹子开花。见过竹子开花的人并不多，很多人甚至认为竹子不开花。与被子植物其他类群相似，竹亚科大部分为多年生一次开花木本，开花周期较长，开花结实进行有性繁殖之后便即枯死，完成一个生命周期。我国古代典籍对于竹子开花早有记载。《山海经》云："竹生花，其年便枯。"《竹谱》云："箁必六十，复亦六年。"——竹子生长60年会结实枯死，之后种子萌发生长，再过6年才能恢复到原有规模。《晋书》中也有类似的记载："晋惠帝元康二年，草、竹皆结子如麦，又二年春巴西群竹生花。"不同种竹子开花周期不同，多为50—60年，少数如桂竹开花周期为120年左右。同一竹鞭生出的竹秆不论老幼开花时间

竹子的花

大致相同。开花后，竹子便成片枯萎死去。大面积的竹子开花，会给以竹子为主要食物的物种造成极大的生存威胁，而对于当地竹农来说也是巨大的经济损失，故竹子开花自古被视为"不祥之兆""天降之灾"。竹子开花是竹有性繁殖过程中的正常现象，受自然条件的影响。当长期干旱，竹林老鞭纵横、土壤板结的时候，竹子体内严重缺水，光合作用减弱，氮素代谢降低，糖浓度相对升高，糖氮比升高。此时竹子易开花结实，将成熟的种子散播出去，完成繁衍生息的使命。

竹子开花、结实与中国古代神话中的凤凰形象密不可分。在《庄子·秋水》中，庄子曾以凤凰自比："夫鹓鶵，发于南海，而飞于北海，非梧桐不止，非练实不食，非醴泉不饮。"意思是凤凰从南海飞往北海，只栖息在梧桐树上，只吃竹子的果实，只饮甜美的泉水。南朝梁萧绎曾赋诗咏竹，描写竹花盛开的宏大景象："冠学芙蓉势，花堪威凤游。"竹子开花时间间隔较长，不易出现，且结实后伴随着竹子大片枯死，故尤显出竹实的可贵和凤凰的威仪。在现实生活中，竹子开花、结实与禾本科其他植物大致相同，都会结下颖果（果皮和种皮紧密愈合不易分离，果实小，常被误认是种子），俗称竹米。《太平广记》"竹实条"有云："其子粗，颜色红纤，与今红粳不殊，其味尤馨香……珍于粳糯。"彭定武在《竹米山的故事》一文中，也描写了傈僳族人民食用竹米的手法及过程。傈僳族男人将藤条破开后编成"刀彪"（小筐箩）。妇女在山里拾得竹米苞，先用水洗去不饱的，再将饱满的竹米苞放到大铁锅里炒至竹米壳炸开。男人们再把炒制后的竹米装进"刀彪"中拷揿，再用筛子筛去果壳。加工后的竹米和稻米形无二致，煮出的"米饭"香气袭人。《本草纲目》中记载，竹米"通神明，轻身益气"，乃食疗佳品。竹米富含粗蛋白、粗脂肪、粗纤维、淀粉，可磨粉做饼食用，口味与麦近似。明代饥荒时，百姓也常取竹米充饥。"竹米者，丛竹中所生也。状粳糯差小，色微红，味甘。"在困难时期，竹米也曾助百姓渡过难关。

竹子形态优雅，用途广泛。近来，科学家完成了对竹子基因组的测序工作，2013年，我国科学家成功绘制出毛竹的基因组草图。竹子不仅极具文化象征意义，还是世界上最重要的非木材类林业产品，大约有25亿人以竹子为经济来源，有很多竹制品成为具有中国特色的出口产品，每年竹子的国际贸易总额超过25亿美元。但竹子开花需要至少50年，这样长的营养周期必然有碍于农业生产，因此利用现代科学手段对竹子进行品种改良就成了发展竹子产业的必经之路，而基因组信息的获得，则为深入研究这种浑身是宝的优雅植物奠定了基础。

阳华芸香

"篱落疏疏一径深，树头花落未成阴。儿童急走追黄蝶，飞入菜花无处寻。"宋代诗人杨万里的这首诗描绘了春天的明媚景色。篱笆墙外，树木葱茏，黄色的蝴蝶翩翩起舞，引得儿童竞相追逐，蝴蝶飞入旁边的田地里，在满眼金黄中消失了踪影。蝴蝶飞入的"菜花"，就是我们熟知的油菜花（*Brassica campestris*）了。每年的三四月份，正是江南油菜花盛开的时节。油菜花花态美丽，花期长，花粉中花蜜充足，开花之时常吸引蝴蝶、蜜蜂前来采粉集蜜。在以油菜花海闻名于世的江西婺源江岭景区，每年油菜花盛开的时候，漫山的红杜鹃、翠绿的茶树与金黄的油菜花交相辉映，白墙黛瓦点缀其间，颜色浓郁又和谐，宛若凡·高的油画，美得让人窒息，让人流连忘返。

油菜花不但美丽，而且特别耐受干旱的气候和贫瘠的土地。在田间地头、屋前屋后，只要种子落地生根，就能茁壮生长。油菜花以其顽强的生命力和随遇而安的品质，历来受到文人墨客的青睐。有"诗豪"之称的唐代大诗人刘禹锡在《再游玄都观》一诗中曾云："百亩庭中半是苔，桃花净尽菜花开。"赞叹的就是油菜花随遇而安、自在从容的品格。而现在，面对油菜花海，倾倒于这种美丽的人们，都会渴望油菜花盛开的美景能再久一点——不止春季，能不能像银杏一样，在秋天也铺展出一片金黄呢？植物学家们将来能实现这样的期待吗？让我们拭目以待。

油菜花还是集美丽与才华于一身的明星蔬菜呢。作为起源于中国的蔬菜，油菜具有悠久的历史，文献典籍中的记载比比皆是。油菜在古代称为芸薹，公元前3世纪的《吕氏春秋》就有"菜之美者，阳华之芸"的描述。东汉的《通俗文》中有关于芸薹的明确记载："芸薹谓之胡菜。"据三国时期《吴氏本草》记载，当时已经有人把芸薹当作蔬菜食用了。明代李时珍的皇皇巨著《本草纲目》对油菜和芸薹的关系做了考证："芸薹，方药多用，诸家注亦不明，今人不识何菜。珍访考之，乃今油菜也。"清代《江震物产表》中记载："柴包饼，片圆而小，草包者名同，饼片厚而大，出车后，则剥去其草，向销江北、绍

油菜花与油菜籽

兴、杭、嘉、湖等处及本邑池户，近则由上海销往日本横滨、神户各路。"这表明清代油菜饼已经被用作饲料喂鱼，甚至还销往日本，成就了很大的产业。

考古证据也确凿无疑地证实了我国在汉代以前已经开始人工栽培油菜。长沙马王堆一号汉墓中出土了大量黑褐色的圆球形随葬物。经考古学家鉴定，这些都是保存完好的芥菜籽，两千多年后还能清晰地观察到它们的种脐、种蒂和网纹，和现今栽培的油菜籽非常相似。陕西省西安半坡遗址中，还发现了新石器时代原始人类用陶罐存留的菜籽粒。由于年代久远，这些菜籽粒已经炭化，权威机构鉴定为芥菜或白菜一类的种子。同位素衰减测定表明，这些炭化的菜籽粒距今已有6000—7000年，表明我国油菜栽培的历史非常久远。

目前油菜的栽培种分为甘蓝型油菜、白菜型油菜和芥菜型油菜三种。白菜型和芥菜型油菜均起源于中国。北魏贾思勰的《齐民要术》明确把我国的油菜分为油辣菜和油青菜两种，分别对应现在的芥菜型油菜和白菜型油菜。李璠、汪良中等人考察发现，我国四川省甘孜等高寒地区、云南省思茅地区、金沙江河谷一带以及新疆伊犁等地区，均有野生油菜分布。西藏高原也分布有大量的白菜型油菜的野生及半野生品种。目前在我国种植最广泛的甘蓝型油菜是从日本引进的品种。这种油菜起源于欧洲地中海地区，20世纪30年代初由日本留学归来的于景让教授引入，在中国开始种植，此后在全国迅速推广。

花期过后，油菜谢了繁花后默默退出了人们的视野，但真正的精彩其实才刚刚开始。曾经花开的地方长出细细长长的荚果，油菜等待它的丰收时刻。油菜是一种重要的油料作物，它的种子（菜籽）可以用来榨油，而这也是"油菜"名字的由来。唐代的《唐本草》记载，唐代时除了把油菜当作蔬菜食用，还用菜籽榨油。宋代苏颂编写的《图经本草》已经明确将芸苔称作油菜。不像其他一些植物可以从容地经历四季更迭，在秋风里瓜熟蒂落，最后在寒冬中睡去，油菜在翠绿的时候就要走向下一轮的生命轮回了。在炎热的5月中旬，成片成片的油菜被镰刀"亲吻"着，纷纷扑向大地。油菜的收割时间很有讲究，收早了水分大、不熟，收晚了果荚裂开、油菜籽散落，影响产量。所以收割油菜要选在半熟不熟的时候，放倒的油菜就平铺在地里，经过骄阳的烘烤，茎秆由绿变黄，油菜籽则由黄变黑。这时候油菜才算真正成熟，采集后的菜籽可以用来榨油了。

油菜的农业生产之旅也不是一帆风顺的。菜籽中含有芥

油菜花植株标本图

酸，这种物质不但不能被人的消化系统吸收，还会影响其他营养物质的吸收。另外油菜饼中一类叫作硫甙的化学物质，在消化酶的作用下会分解形成几种有毒有害的物质，引起被喂食动物肝肾和甲状腺肿大，进而造成代谢紊乱，同时还会生成具有刺激性气味的气体，降低饲料的口感。所以世界各国大力培育推广低芥酸和低硫甙的"双低"油菜品种。1961年加拿大学者从德国的一种饲料油菜中成功选出一个低芥酸含量的甘蓝型油菜单株，并于1974年培育出了世界上第一个甘蓝型低芥酸油菜品种。1968年波兰学者首次发现低硫甙的甘蓝油菜品种植株，后引进加拿大，并将它与低芥酸型油菜植株杂交，几年后培育出了世界第一个双低甘蓝型油菜品种。欧洲国家以及澳大利亚等国家也在20世纪80年代中后期就引进了低芥酸油菜和低硫甙油菜品种，开始进行双低油菜品种的培育研究，并进行了双低油菜品种的推广普及。我国在20世纪90年代才开始双低育种的研究，育种水平与发达国家还有一定差距。经过多年的不懈努力，我国的油菜品质不断提升，油菜籽含油量和蛋白质含量不断提高，油菜中芥酸和硫甙含量显著降低。

油菜花虽然带来这么难解决的技术难题，但却是不可替代的。油菜兼具超高的观赏价值与巨大的经济价值。据报道，婺源的油菜花能为当地带来10亿元左右的旅游收入。而油菜籽可以榨油，榨油之后的残渣，可以加工成菜籽饼，这是一种营养丰富且价格低廉的鱼饲料，用菜籽饼喂养的鱼肉质鲜嫩、绿色健康。油菜花不只美丽，更富于"内涵"，真是让人赞叹不已呢！

栗栗在木

栗子（*Castanea mollissima*），素有"干果之王"之称，因其不仅含有丰富的淀粉，还富含蛋白质、维生素等营养元素。较高的热量使得糖炒栗子成为与冰糖葫芦、烤红薯齐名的老北京三大秋冬时令小吃之一。糖炒栗子，是将带壳的栗子与砂石、糖稀一起放入锅中翻炒，直至栗子表面呈现出深棕色的光泽。糖稀虽然无法进入壳内改变栗子的口感，但却可以去除栗子壳表面的杂质，使栗子壳更加平整且富有光泽；砂石则主要起到使栗子受热均匀的作用。

糖炒栗子作为一种广受欢迎的小吃，在中国有着悠久的历史，然而关于糖炒栗子的起源却众说纷纭。一种说法认为其诞生于宋朝，陆游就曾在《夜食炒栗有感》中记述过食用炒栗子的经历："齿根浮动叹吾衰，山栗炮燔疗夜饥。唤起少年京辇

板栗树

梦，和宁门外早朝来。"在诗中，陆游除了表达对炒栗子这种食物的喜爱，还"触食生情"，表达了对往事的怀念。由此看来，糖炒栗子俨然已经成为一种文化载体。陆游对糖炒栗子确实情有独钟，他还在《老学庵笔记》中详细记述了这样一个传说：北宋汴京曾经有个叫李和的炒菜师傅，名扬四方，其技艺之高令他人难以望其项背。北宋是个动荡的朝代，随着外族入侵的脚步，李和也遭遇人生变故，家道中落，自此销声匿迹。直到绍兴年间，有两位南宋使者出使金朝，在燕山遇到两个自称李和儿子的人，赠予他们二人各十包炒栗子后洒泪而别。在这个故事中，糖炒栗子不仅是记录饮食文化变迁的载体，也是遗民对故国故人眷恋的寄托。

到了清朝，关于食用栗子的记载就更常见了，清初潘荣陛的《帝京岁时纪胜》记载了白露时节糖炒栗子的制售情况："生栗初来，用饧沙拌炒，乃都门美品。正阳门王皮胡同杨店者更佳。"清末富察敦崇所著《燕京岁时记》也对秋冬时节的糖炒栗子有所记载："十月以后，则有栗子、白薯等物。栗子来时用黑砂炒熟，甘美异常。"除此之外，周筠的《析津日记》和郝懿行的《晒书堂笔录》也反映了糖炒栗子在民间的流行。

包裹在有锐刺的壳斗中的板栗果实

　　除了糖炒栗子，清代古籍中与栗子相关的美食最著名的当数糟栗、栗子炒鸡和栗糕。糟栗出自朱彝尊的《食宪鸿秘》："熟栗入糟糟之下酒佳，风干生栗入糟糟之更佳。"栗子炒鸡和栗糕则出自袁枚的《随园食单》。栗子炒鸡这道菜流传至今，而栗糕"煮栗极烂，以纯糯粉加糖为糕蒸之，上加瓜仁、松子"的做法更使人眼前一亮。不知是不是受到了栗糕做法的影响，奶油栗子面的做法与之极为相似，只是将原料中的糯米粉替换成了奶油，再搭配上碾成粉的栗子搅拌而成。

　　我们见到的栗子只有一层薄薄的栗子壳，然而这并不是栗子最原始的"包装"。栗子壳实际上是外果皮，坚果外还裹着一层密密麻麻带尖刺的外衣——一种由植物总苞发育而成的壳斗。这也是栗子所属家族山毛榉科又被称为壳斗科的原因。壳斗形状好似水杯，完全或不完全地包裹着其中的坚果。对于栗属植物而言，壳斗几乎是将坚果全包起来的，只在一侧留有开口。我们所食用的栗子大多是板栗，它的一个总苞中含有3个坚果，呈现出较扁的盘状，故称板栗；另一种栗子叫作珍珠栗，又名锥栗，它的一个总苞内只含有1个坚果，因而显得饱满立体。

　　由于栗子有特殊的壳斗结构，其种子的传播方式也十分与众不同——主要通过自落播种。其壳斗的尖刺能够防止动物食用内部的种子，增加种子存活及萌发的概率。在自然界中，植物们都在想方设法地开枝散叶，繁衍生息。而如何保证成功繁衍呢？植物们通常采用两种方式：一是将种子传播向远方，以达到"开疆拓土"的目的；二是使用物理或者化学方式保护种子，减少被外界环境或鸟兽戕害的可能，从而提高种子的存活率。壳斗科的栗子就是第二种方式的集大成者，而使用第一种方式的植物也不在少数，例如果实上长"刺"的苍耳、蒺藜等，就能以钩刺附着在动物的皮毛上。这种搭乘动物的"顺风车"去往远方的种子传播方式叫作动物携带传播。借助动物传播，除了"搭车"还有"穿越隧道"——利用动物的消化道。这要求种子足够坚硬，从而免于被消化，最终被完整地排出动物体外，达到散播种子的目的。有趣的是，辣椒也通过"穿越隧道"传播种子。但哺乳动物的消化系统过于发达，会破坏种子结构，不利于辣椒种子的传播，于是辣椒就选择用自身产生的辣椒素刺激哺乳动物的感受器，使之在消化道的入口——舌头及口腔内产生疼痛和灼热感，迫使它们放弃对辣椒的食用。而辣椒素对鸟类是完全无效的，因为鸟类感受不到辣椒素的刺激，并且鸟类的消化道也更短，能够将辣椒种子完整地排出。

板栗的叶与花

别的植物传播种子都是"搭车"，而辣椒却选择了"坐飞机"！除此之外，风力、水力也是不可忽视的外力，如果能够借助其力量，种子传播便能事半功倍。蒲公英带"翅"的种子以及杨树、柳树的飞絮都是凭借风力传播的典型代表，而椰子、莲子以及姑娘果等则选择"走水路"——姑娘果外包裹的小斗篷可让果实在水中漂浮，顺流而下。相对于凭借外力，有些种子更倾向于依靠自己，例如凤仙花、酢浆草这些植物中的"大力士"，它们能够把种子弹射出去，抛撒向远方。

植物通过各种巧妙的方式使得后代播向远方，小小的种子落在哪里就在哪里扎根，哪怕是贫瘠之地——"立根原在破岩中"，然后利用从母体获得的养料萌发生长，最终独自撑起一丛绿荫。小小的板栗，成就了跨越古今的道道美食，承载着人类的厚重情感，也象征着坚韧不拔的开拓精神。

第四章

七彩纷呈

　　赤橙黄绿青蓝紫，谁持彩练舞枝头？点缀四季食谱的瓜果蔬菜，是食物中当之无愧的"颜值担当"。每一抹绚丽色彩的背后，都是天然色素巧夺天工的光影大秀。叶绿素、胡萝卜素、花青素……孕育了大自然调色盘中千变万化的缤纷色泽。它们或为维生素的前体，或发挥抗氧化作用，"色艺双全"地造就出人类餐桌上富含营养的美味珍馐。白菜脱色的古典浪漫，番茄入食的异域风流，体现的是文明的源远流长；黄瓜的苦涩清香，咖啡的香浓醇厚，传递的是人类对味觉享受的不懈探求；菰米与茭白的邂逅，黄金大米的欲语还休，折射的是社会生活与技术的爱恨纠缠。

道自然界中哪种颜色的花最多，哪种颜色的花最少吗？五彩缤纷、绚丽斑斓的花朵背后，蕴含着怎样的科学知识呢？下面，就让我们一起走进"花花世界"。

科学分析显示，花色有4000多种，由红橙黄绿蓝靛紫这些颜色组合变化而来。据植物学家统计，自然界中白色的花最为繁多，黄、红、蓝、紫、绿、橙、茶色的花次之，黑色的花最为稀少，一般认为只有8种，分别是黑莲花、黑鸢尾、黑牡丹、黑郁金香、黑雪莲花、黑玫瑰、墨菊、黑百合。这样的花色分布，其实是有一定的生物学原理的。白、黄、红花多而黑花少都是自然选择的结果，因为在绿色叶片的衬托下，白、黄、红色系的花更为醒目，传粉者（如蜜蜂和蝴蝶等小昆虫）容易识别，从而优先帮助这些颜色的花传粉。黑色花寥寥无几，首先是因为黑色能吸收所有波长的可见光，极易造成光伤害，其次是因为黑色不易吸引传粉昆虫。由于这种种的先天不足，黑色花逐渐被自然界淘汰，只有少数植物因为某些特殊的情况而得以保留黑色的花。

花的颜色是由什么决定的呢？这要从一种叫作色素的化学物质讲起。色素是一种能够选择性地吸收特定波长的光而反射其他波长的光的化合物。花瓣的颜色，是由色素的种类和含

粉色海棠

量决定的。其中最主要的色素是花青素，因而花色主要由花青素决定。花青素又称花色素，是自然界中最为广泛存在的一类水溶性天然色素，在植物叶片、花瓣和果实的细胞中合成。从化学角度讲，花青素的合成由初级代谢通路中的苯基丙氨酸合成和次级代谢通路中的类黄酮合成两个连续的过程所组成。这样形成的花青素具有相同的骨架结构，在不同的植物中还要经过一系列的化学修饰，最终形成了很多种不同类型的花青素分子——它们在颜色上是存在差异的。

那么，自然界中究竟有多少种不同类型的花青素分子，竟能产生4000多种颜色呢？花青素在化学结构上都包含两个苯环（由六个碳原子构成的六元环，也是最简单的芳香烃），并由一个含三个碳原子的单位联结，形成六碳－三碳－六碳的骨架。苯环上的氢原子可以被不同的化学基团所取代，根据这些取代基团的不同，可以将花青素分成不同的种类。已知自然界中存在的花青素超过600种，最常见的有6种，包括矮牵牛花色素、芍药花色素、矢车菊色素、花翠素（飞燕草色素）、天竺葵色素、锦葵色素。它们在植物的有色器官中呈现出不同的颜色。在细胞中，花青素会被运输到液泡中，并以花青素液泡包含物的形式储存在那里。花青素的颜色受液泡中酸碱度的影响很大，通常在中性条件下呈现紫色，在酸性条件下呈现红色，在碱性条件下呈现蓝色，而酸碱性越强颜色就越鲜艳。植物中有很多细胞，不同类型的细胞液泡酸碱度不同，同一种色素就会呈现出不同的颜色。而细胞的化学活动又在很大程度上受到季节、气候、植物成熟度等因素的影响，这是我们可以观察到万紫千红的另一个重要原因。

除了花瓣和叶片中可以合成花青素外，植物的另一器官——果实中也会积累大量的花青素。通常，颜色鲜艳的瓜果蔬菜都富含花青素，比如蓝莓、桑葚、葡萄、紫薯、草莓、红心火龙果、茄子等。花青素在植物中的功能可以一分为二。其一，花和果实中的花青素可以作为色素"招蜂引蝶"，吸引传粉者和捕食者来帮助植物授粉和传播种子，利于植物的繁衍。其二，花青素属于生物类黄酮物质，具有清除自由基和抗氧化的生理活性。植物各个组织中的花青素的一个重要功能就是抗氧化，它能防止细胞中易氧化的成分被氧化，保护植物免受强光曝晒和紫外线辐射带来的氧化伤害。对于人类来说，花青素是一种超强的抗氧化剂，抗氧化能力是维生素C的20倍，是维生素E的50倍，能在自由基伤害细胞之前将其中和，从而快速清除自由基。花青素是人类在自然界中发现的最有效的抗氧化

青葡萄

剂和最强的自由基清除剂，被用于预防由自由基导致的各种疾病。同时，花青素还可以延缓衰老、保护视力、预防Ⅱ型糖尿病、预防心脑血管疾病、抗肿瘤、抗炎镇痛、抗过敏、增强免疫力。因此，花青素既是大自然的天然馈赠，又是一种具有很大挖掘潜力的保健物质。花青素对人体有益，人们渐渐喜欢上高花青素的瓜果蔬菜，育种学家们纷纷着手开展高花青素含量的新品种培育研究。近年来，越来越多的含有花青素的紫色食物出现在我们的食谱中，例如紫色番茄、紫米、紫山药、紫土豆、紫薯等。

　　虽然大自然的馈赠是慷慨的，但永不满足的人类还想拥有花青素含量更高的植物。那么，用什么方法才能得到更"紫"的新品种呢？研究人员尝试了两个思路。一方面，通过传统杂交育种的方法，选育出花青素含量高、口感好且便于储存的新品种。另一方面，利用分子生物学的方法精确地改变花青素合成通路的基因，使植物积累更多的花青素，从而培育出紫色新品种。转基因紫番茄就是一个典型的例子。自然条件下，因为体内缺少次级代谢的一些催化酶基因，番茄植物的果实不能合成花青素。2008年，英国约翰英内斯研究中心的一个科研小组，首先将金鱼草中的两个基因（*DEL*和*ROS1*）转入番茄中，弥补了番茄果实花青素合成途径的缺陷，使其果实能自动生成花青素，于是诞生了自然界中本不存在的紫色番茄。为了更好地利用花青素的抗氧化和抗癌特性，目前加拿大已经大规模种植这种紫色番茄，收获的紫番茄果实被榨成果汁，以便进行下一步的研究和推广。花青素不但促成了绚烂的"花花世界"，也为人类带来了丰富且健康的彩色食物，是自然界中不折不扣的"花边新闻"制造者。

彩虹果

想必很多人都吃过彩虹糖，糖果外衣包裹着的是不同味道的水果软心，一种鲜艳醒目的色彩就代表一种口味。几种不同口味的糖果，放在一起就仿佛彩虹一般，显现出红橙黄绿青蓝紫的颜色。事实上，一种水果可以有几种颜色呢？如果告诉你有一种常见的果实，初为青绿色，成熟后或红如苹果，或黄比香蕉，或紫似葡萄，成熟度不同的果实聚集在枝条上，像舞动于枝头的彩练，你是否能想象得出是哪种果实呢？平凡孕育伟大，拥有如此魅力的果实竟是餐桌上常见的番茄。

番茄为什么能像彩虹一样拥有众多颜色呢？其实颜色是番茄果实一个重要的品质性状，颜色深浅、着色均匀与否等都受到果皮中色素种类与积累水平的影响。自然界中的番茄品种，能结出红色、粉色、紫色、绿色、黄色以及黑色等多种颜色的

多姿多彩的番茄果实

成熟果实。色素的积累是番茄色泽形成的物质基础，色素的种类及相对含量决定了果实的色质和呈色深度。番茄中的色素种类繁多，呈色色素主要包括类胡萝卜素、叶绿素、类黄酮及花青素等。不同的色素含量比例及生长环境，让番茄果实拥有了不同的颜色。

更为神奇的是，在番茄成熟的过程中，果实颜色时刻都在发生变化。通常，植物学家们将番茄果实成熟的过程分为四个时期：绿熟期、破色期、黄熟期和红熟期。前期果实颜色主要受叶绿素和类胡萝卜素这两大类色素的影响。果实成熟前，叶绿素占据主导地位，于是果实呈现青绿色。果实中的叶绿素也像叶子中的叶绿素一样参与光合作用，制造养分，帮助发育中的果实积累更多的糖分（除了果实自身通过光合作用制造养分外，其他部位也会输送养分到果实中）。因此，不光番茄，很多其他水果的果实在成熟前也都是青绿色的。成熟过程中，在植物激素的作用下，叶绿素逐渐分解，含量逐步降低，而胡萝卜素（以及从它衍生出来的番茄红素）等色素开始大量积累，果实颜色逐渐向橙色或红色靠拢。另外，番茄果实在发育过程中，伴随环境的变化，类胡萝卜素、叶绿素、类黄酮及花青素等多种色素不断代谢，各色素含量及组分也随之发生变化，从而使番茄果实的颜色富于变化。

　　无论何种颜色的番茄都是可以供人食用的。不过不同颜色的番茄在营养价值上略有不同。有些番茄品种，例如一种被称为"绿宝石"的番茄果实从青涩到成熟都呈现出绿色。绿色果实中的主要色素是叶绿素，叶绿素包括叶绿素a和叶绿素b两种。正常情况下，随着果实的成熟，叶绿素会降解，类胡萝卜素和番茄红素等色素开始积累。而这种绿番茄的叶绿素在成熟后并不分解，使得果实一直呈现出青绿色。绿色番茄自引进培育已有10多年的时间，日益受到市场追捧。还有一种名为"黄圣女"的黄色小番茄，它的果实主要含有黄色类胡萝卜素，而缺少使果实显现红色的番茄红素。类胡萝卜素是自然界分布最广泛的一类脂溶性色素，是通过类异戊二烯途径合成而呈现红色、橙色、黄色等颜色的一类萜类物质。人类对于黄色水果似乎都有莫名的好感，香蕉几乎是人见人爱，黄色番茄在市场上也颇受欢迎。但要说人们最喜欢的番茄品种，就非红色小番茄莫属了。这种番茄小巧玲珑，更符合大众口味，20世纪90年代从我国台湾地区引入内地，被统称为"圣女果"，正式名称为"樱桃番茄"。挂满枝头的红色果实，远远看去就像一颗颗樱桃，故得此名。可以说它是最早进入人们视野的迷你番茄，也是现在最为大家所接受的一款水果番茄。须要指出的是，这些颜色的番茄都是自然界中早就存在的，并不属于转基因物种的范畴。

相比绿色、黄色和红色番茄，紫色番茄就稀有得多。富含花青素的番茄果实就能呈现出奇异的紫色。前文提到，花青素是一种多酚类化合物，是植物体内最重要的水溶性色素，存在于众多植物的花器官和果实当中。番茄果实一般富含胡萝卜素，通常情况下是不会产生花青素的。但由于花青素作为一种强自由基清除剂，具有抗氧化、抗衰老、预防糖尿病、抗癌等多种功能，科学家们就非常希望能在植物源性食品中添加花青素，以预防冠心病、改善身体机能。英国植物学家将金鱼草的基因导入番茄，使其果实可以产生花青素，从而培育出了自然界中本不存在的紫色番茄。这种紫色番茄和别的番茄品种杂交后，可以把颜色传递到后代中，已逐渐成为番茄育种家们的宠儿。

不同颜色的番茄果实之间存在着不同程度的品质差异。一般来讲，大红番茄酸度较高，但是颜色鲜艳，外观美丽，番茄红素含量较高，类胡萝卜素含量较低。粉红色番茄含糖较多，酸度较低，是生食的理想品种，但番茄红素和类胡萝卜素含量都较低。橘黄色番茄居于前二者之间，含有较高的类胡萝卜素。各地由于生活习性和审美观的不同，对番茄果实颜色也表现出不同的偏好。例如，北京地区番茄生食较多，所以含糖较高的粉红色番茄更受欢迎；山西人大多喜欢酸度较大、色泽艳丽的大红色番茄，唯独雁北、忻州地区的人偏爱黄色番茄。目前，越来越多的人喜欢将番茄当作水果食用，于是小巧玲珑的樱桃番茄摇身一变成了街头巷尾水果店中的"座上宾"。

这些五颜六色的番茄归属不同的品种，自然条件下是不会出现在同一植株上的。那有没有办法让不同颜色的果实悬于同一枝头呢？办法是有的，运用嫁接的方法就可以实现。植物不同于动物的一个神奇之处是，植物具有受伤后自动愈伤的机能。将两株（或多株）不同的植物切断后，可以把一种植物的枝或芽，嫁接到另一种植物的茎或根上。将两个伤面的形成层（由具有自我复制与分化能力的细胞组成）靠近并紧扎在一起，两株不同的植物会因细胞增生，彼此愈合而联结起来，长成一棵完整的植株。利用嫁接技术，不同颜色的番茄就能"拼"在一棵植株上了。赤橙黄绿青蓝紫，谁持彩练舞枝头？五颜六色的番茄为人们探索世界的颜色之谜提供了多种线索，根据这些线索科学家们必将创造出更多的颜色组合，让喜欢番茄的人们在赏心悦目之余，还可以获得更多的营养。

绿色"仙"米

　　葛仙米（*Nostoc commune*），可能大多数人从来都没有听说过。从名字上看，"葛仙米"既然有"米"，想必是一种谷物吧。不过这样的猜测可谓大错特错。葛仙米虽名为"米"，却与大家常吃的大米相去甚远。从分类学的角度来说，葛仙米属于一类非常古老的生物类群——蓝藻，也叫蓝细菌。蓝藻是一群比较原始的生物，早在30多亿年以前就出现在了地球上，是最早进行产氧性光合作用的大型单细胞原核生物，具有悠久的进化历史。蓝藻参与光合作用制造氧气，进而逐渐改变了大气组成，为有氧呼吸（细胞在氧气参与下，通过酶的催化作用，分解葡萄糖等有机物，产生二氧化碳和水，给机体提供可利用化学能的过程）这个人类赖以为生的化学基础的出现，创造了必要条件。如果没有它们，大概地球上人类出现得要比现在更晚一些。从这一点上说，蓝藻还真的有一丝"仙气"呢。

葛仙米是一种多细胞的蓝藻，学名叫作拟球状念珠藻，属于念珠藻科，与大家比较熟悉的另一种食用蓝藻——发菜有较近的亲缘关系。葛仙米之所以名为"米"，是因为它一般呈球形，人工采集并干燥后，藻体变成颗粒状，类似稻米。至于它名字里的"葛仙"一词，则是指东晋时期的著名道教学家、炼丹家、医药家葛洪。清代赵学敏所著的《本草纲目拾遗》说葛洪曾隐居在南方，当地人民由于缺乏粮食营养不良，葛洪便告诉人们可以采集这种藻类食用，不但解饿而且还有营养。当地人感激葛洪的帮助，就把这种食物称为"葛仙米"。

外观上看，葛仙米大致为绿色的球体。藻体为胶质，一般生长在浅水中、稻田里或阴湿的泥土上，生长期大约在11月至次年的5月，3月—4月是其最佳的采收时期。虽然蓝藻是一类生命力顽强的生物，在世界各地甚至南北极都有它们的踪影，但葛仙米的分布范围却并不大，主要在我国南方几个省份，有报道称在非洲也发现了少量分布。在我国，湖北省鹤峰县是葛仙米的主要产地，乾隆时期的鹤峰县县志称当地的葛仙米"色绿颗圆，颇称佳品"。在当地的水稻田里，水稻收割之后就可

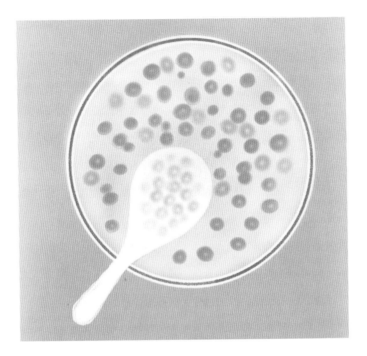

葛仙米

以发现葛仙米，当地农民常采集葛仙米晒干贮藏，以备食用。清代纳兰常安所著的《宦游笔记》中记载，粤东地区葛仙洞外的泉水边，在石头上生长有青色米粒状的苔菌，用它做粥十分鲜美，当地人称之为"葛仙米"。

葛仙米作为一种天然食材，用它烹制菜肴在中国已有很长的历史了。葛仙米可以凉拌，可以蒸煮，烹饪手法尽管不同，它的美味与人们对它的喜爱却是始终不变的。《本草纲目拾遗》中记载："（葛仙米）初取时如小鲜木耳，紫绿色，以醋拌之，肥脆可食"；"以水浸之，与肉同煮，作木耳味"。《岭南杂记》中记载："遍地所生（葛仙米），粒如粟而色绿，煮熟，大如米，其味清腴。"《粤西偶记》中记载："（葛仙米）采而干之，粒圆如黍，揉面酿酒，极芳香。"《随园食单》中也记载了当时的葛仙米烹饪方法："将米细捡淘净，煮半烂，用鸡汤、火腿汤煨。临上时，要只见米，不见鸡肉、火腿搀和才佳。"甚至连末代皇帝溥仪也在自传《我的前半生》中，记录了御膳房曾给皇帝做过一道鸭丁熘葛仙米。可见，葛仙米早已是一道颇有名气的美味食材，甚至在宫廷御宴中占据了一席之地。

　　葛仙米能被选入皇帝的菜单可不是没有道理的，它不但"颜值"高，口感佳，已有的研究也表明葛仙米是一种营养十分丰富的食材。葛仙米干品中蛋白质含量很高，接近总质量的一半，其中7种人体必需的氨基酸（人体无法合成、完全由食物中摄入的氨基酸）占总氨基酸含量的45%。除了蛋白质含量高、氨基酸组成合理之外，葛仙米还富含多种维生素，其中维生素C的含量很高（每百克干样品中约500毫克），接近于鲜枣，比山楂和柑橘高数倍，一般食物更是望尘莫及。葛仙米中还含有较为丰富的维生素E，含量达7毫克每百克，约为一般食物的3倍。除此之外，葛仙米中还含有较多的B族维生素和类胡萝卜素等，可以很好地弥补日常饮食造成的维生素摄入不足。

葛仙米虽然营养丰富，却没有像它的"亲戚"发菜一样走入千家万户，成为餐桌上的常见菜品。一个较为重要的原因是它的产量一直不大。野生葛仙米的主要产区较小，集中分布在我国湖北等地，且由于一直作为水稻田里一种天然生成的副产品，缺乏优质种群的人工选育以及科学的生产种植理论。进入21世纪以来，随着化肥和农药在农业生产上的大量应用，伴生在水稻田里的葛仙米的生长环境发生了较为剧烈的变化，产量更是大幅降低，在鹤峰县的个别地区甚至已经绝产。另外，葛仙米产业的最终产品多是粗糙的简单产物，品种比较单一，缺乏科学的加工和商品化，附加价值低。这也使得葛仙米及其下游产品没有形成优质的产业链，难以扩大规模。

对葛仙米这种营养丰富的食材，目前已有一些在稻田中针对性培养的研究，人们正尝试科学总结葛仙米的培育方法和经验，并开展了对人工大规模培养葛仙米的技术探索，研究了人工培养的温度、光照等条件。通过将葛仙米的人工培养和对其天然产地的生态环境的保护相结合，相信葛仙米的产量能得到大幅提升。对葛仙米进行深加工以制造多种葛仙米产品的尝试也在开展之中。含有丰富营养的葛仙米可以加工成保健食品，且其中含有的藻类多糖成分还有潜在的药用价值。葛仙米作为藻类的一种也可以开发做成渔业饲料。此外，葛仙米还有改善土壤方面的应用前景。葛仙米广泛的应用前景和商业价值，想必会极大助力相关产业的发展，将其推向更大的舞台。

白菜本非白

大白菜（*Brassica rapa subsp. pekinensis*）可算是中国人最早耳熟能详的蔬菜。在物产尚不丰富的年代，朴实无华的大白菜就是全家人整整一个冬天的蔬菜。即便是现在，白菜在南、北方家庭的餐桌上仍然有着极强的存在感。几乎每个中国人都能像说相声报菜名一样报出一连串的菜名来：醋熘白菜、辣白菜、白菜豆腐鱼头汤……其实白菜不只能做家常菜，满汉全席中也有"辣白菜卷"和"玉兔白菜"两道美味，可见白菜也可以非常"贵族"。小型的大白菜又被称为娃娃菜，著名的上汤娃娃菜的美味想必不用多说。在源远流长的中国饮食文化中，大白菜既是家常菜谱中极受欢迎的保留菜品，又能在高档宴席中占据一席之地。这自然和白菜过硬的"自身素质"密不可分。白菜叶片纤维素含量较高，能够适应各种风格的烹饪手

大白菜

法；肥厚的叶片因其水分及甘甜滋味，更令人"爱不释口"；
由白菜腌制成的酸菜，更是别具风味，酸菜鱼这一脍炙人口的
美味佳肴就多依赖于此。很少有一种蔬菜像大白菜这般"寒来
暑往，秋收冬藏"，因此很多人对大白菜的感情可谓"拿得起
却放不下"。

除了最常见的大白菜，还有小白菜、青菜、油菜、菜薹等等，这些都是十字花科芸薹属的蔬菜，而且亲缘关系很近。小白菜外形如同小号的花瓶，它的每片叶子都拥有完整的边缘，即植物学上说的"叶片全缘"。小白菜叶柄宽大似汤勺，故而四川人又叫它"瓢儿白"。烹饪小白菜的主要手段是炒和煮，炒则爽口，煮则入味，常用来平衡饮食的油腻感。在寒冷的冬季，小白菜和它的"亲戚"大白菜一样，会将叶片内的多余糖分解成还原性糖，同时增加叶片内蛋白质和不饱和脂肪酸的浓度，从而让细胞们拥有更强的抗寒耐旱能力。这时的小白菜会"经霜回甘"，变得更富营养，清香甜美。

那么为什么有的叫白菜有的叫青菜呢？"白菜"除了指代它作为学名所对应的物种，在我们的日常语境中还可以指代十字花科芸薹属所有的白菜型食叶蔬菜。而"小白菜"，则可以用来称呼所有白菜型蔬菜的小苗。"青菜"是长三角地区对白菜的叫法，同时"青菜"在某些地区又是所有绿色蔬菜的通用名。在祖国广袤的大地上，十字花科中大量植物都被作为蔬菜食用，不同地区有不同的叫法，最终造成了现在莫衷一是的局面。比如在北京，你可能得和小贩说"来一斤油菜"才能买到你想要的小白菜。

　　白菜的这些名称，都有其历史由来，反映出我国古代人民在白菜栽培选育过程倾注的智慧和心血。白菜型蔬菜在分类学上归于芸薹属，由野生芸薹逐步驯化选择而来。野生芸薹适应我国北方的气候，寒冬过后，花茎在气候适宜的春天会快速生长。这一过程被称作抽薹，这个时候的花茎连同基部的叶子一并被称作花薹。据考证，与白菜的祖先最为接近的野生芸薹属植物叫作"葑"，叶子苦涩，难以下咽，不能食用，但它春天快速生长的柔嫩花薹，因为还来不及聚集苦涩物质，因而味道甘甜可以食用。《诗经·邶风·谷风》中"采葑采菲，无以下体"的诗句，描写的就是三千年前的先人避开葑下半部分的枝叶而采集幼嫩花薹来做食物的景象。显然，葑薹这种"限时限量"供应的蔬菜远远不能满足广大食客的口腹之欲。经过人们不断的选择，到了东汉时期，在南方已经培养出了葑的一种近亲，叶子不但没有了苦味，而且"凌冬晚凋，四时常见，有松之操"，因此得名"菘"。到了南北朝时期，经过进一步培育的菘已经演化出了"经霜回甘"的口感，更加受到人们的欢迎。这种菘菜，就是小白菜的直系祖先。

　　同一时期，北方的人们广泛种植着一种叫芜菁的植物，它也是一种芸薹属植物，根系肥大可食用而且种子可以榨油。南方的人们"觊觎"着芜菁，北方的人们也希望吃到菘这种甘甜的蔬菜，于是南、北方开始互相交流并尝试引种。然而，"菘菜不生北土，有人（将）子北种，初一年半为芜菁，二年菘种都绝；将芜菁子南种，亦二年都变。"（唐苏敬《新修本草》）虽然引种的努力惨遭滑铁卢，却意外得到了"白菘"这种杂交产生的新品种。到了宋代，扬州地区培育的白菘"叶圆而大，或若蓮，啖之无滓，决胜他土者，此所谓白菘也"。白菘在形态和口感上已经非常类似今天的大白菜了。

我国古代园艺技术在宋代得到了极大发展，那时的人们已经开始有意识地在避光条件下培养植物。因为叶绿体发育受到抑制，植物的生长状态与在光下不同，个体蔫细，但口感更好。将白菘盖上干草，避光保温保湿培养，得到的黄化白菜在当时叫作"黄牙菜"。黄牙菜质地柔软，口感鲜嫩，一下就赢得了人们的青睐。然而，由于要避光栽培，黄牙菜价格不菲，只有富人才品尝得到。到了明清时期，经过不断改良选育，出现了半结球和结球的大白菜。这种白菜在生长过程中，叶片不再外翻，而是向内弯曲，肥厚的外部叶片为内部嫩叶遮挡了阳光，收获的大白菜只要去掉表面的几层叶片，就能得到内层鲜嫩的黄化叶片，大大降低了培育黄化白菜的成本。而且，这样的大白菜由于外面多层叶片的包裹，内部的嫩叶能够耐受更低的温度，故而能在北方生存。加之北方秋末冬初温差大，能让叶子积累更多的糖分而"经霜回甘"，大白菜的品质反而比原产地南方江浙一带出产的更为优良。这个时候，我国北方已经成为大白菜的主要产区。正是在明朝时期，大白菜从中国北方传到了李氏朝鲜，之后便成了朝鲜泡菜的主要原料。韩剧《大长今》中就有主人公试种自明国引进的菘菜的情节。而在20世纪初，日本士兵在中国东北品尝到大白菜后，就将之引种到了日本。

白菜营养丰富，维生素C、核黄素等维生素的含量比苹果、梨等水果都高出几倍。而且因为产量惊人，价格低廉，以至于"白菜价"成了价廉物美的代名词。正因如此，在今天世界各地的餐桌上都能看到白菜的身影。看似平凡无奇的白菜，也有着如此丰富多彩的生平与故事。我国古代劳动人民在白菜的培育中所展现出来的技术和智慧，也是中华美食得以源远流长的重要原因。洗尽铅华、经寒更甜的"白菜精神"，不正是华夏儿女品格的传神写照吗？

绿与白的邂逅

　　东晋《西京杂记》里描写汉代太液池的风光，是这样写的："太液池边，皆是雕胡紫萚绿节之类。"紫萚就是脱落下来的含有花青素的膜质叶舌。而"菰之有米者，长安人谓之雕胡。菰之有首者，谓之绿节"这句话说的显然是一种叫"菰"的植物，它又是何方神圣呢？菰（*Zizania latifolia*），在植物大家族中归属于禾本科稻亚科菰属。作为稻亚科的一员，菰自然与水稻的亲缘关系较近，但是多年生的菰要比一年生的水稻高大一些。从外形上看，菰的须根多而稠密，茎秆直立高大，能长到2米以上，它的叶鞘生长于节间，质地肥厚。每年初夏，生长在水边和浅水中的菰便开始抽穗开花。它的花序多分枝，呈长达半米的圆锥状，有些像芦苇，但穗更纤细而花序更大。菰是雌雄同株的植物，雄性小穗着生于花序下部或分枝上部，雌性小穗为长圆形，着生于花序上部

菰的圆锥状花序

或分枝下部。菰的花期很长，始于初夏，终于深秋。花落之后开始结果，颖果呈圆柱形，外表为黄绿色。穗上的果实随结随落，不断繁衍。

像禾本科的水稻一样，菰的果实也叫作"米"。我国古代人民很早就开始收集菰米以食用。《周礼·天官·膳夫》写道："凡王之馈，食用六谷。"意思是给王公贵族吃的饭，只能用六种谷物，而"六谷"指的就是稻、黍、稷、粱、麦、菰。这说明早在周代，菰米就是一种被人们认可的优良谷物。能顺利产米的菰，又名"雕胡"，而用菰米做成的饭就是雕胡饭。盛唐时期，因其白洁软糯、香味扑鼻，雕胡饭成为招待嘉宾贵客的美食，备受文人墨客的追捧。他们就像现在的文艺青年一样，味蕾被征服了，手中的笔也就被征服了，纷纷在诗中描述菰米的鲜美，比如李白的"跪进雕胡饭，月光明素盘"；杜甫的"滑忆雕胡饭，香闻锦带羹"；王维的"郧国稻苗秀，楚人菰米肥"；等等。这些诗句流传至今，让后人对雕胡饭的美味垂涎不已。菰在生长过程中也会受到一种真菌的侵染，原本要发育成花穗部分的细胞在真菌的刺激下，增生成肥大的薄壁组织，导致菰的花穗不再长大开花，取而代之的是一个肥大的"菌瘿"，就像是长出了一个绿色脑袋，故被称为"绿首"。

宋人苏颂在《图经本草》中写道："（菰）至秋结实，乃雕胡米也。古人以为美馔，今饥岁，人犹采以当粮。"这个记载，说明在隋唐曾经盛极一时的雕胡米，到了两宋时期，已经沦落到只能充当饥荒时的救急粮了。那么，是什么原因使得雕胡米的地位在短短几百年间一落千丈呢？这是内因和外因共同作用的结果。内因方面，菰米作为粮食有着不容忽视的先天不足。菰与其他禾本科谷物的野生祖先一样，籽粒成熟时间跨度长，而且很容易从穗上脱落。这本来是利用种子传播的特性，在农业生产上却使收获变得耗时耗力，而且产量极不稳定。人们在和这些谷物打交道的过程中，经过不断选择，对谷物的这两个"野性"进行了驯化。虽然人们很早便开始栽培菰米，但一直没能选育出花期同步、果实不易脱落的品种。菰米固然美味，但艰苦漫长的收割周期使得人们对它逐渐失去了耐心。

外因方面，宋代人口和经济重心南迁，导致粮食需求突然增加。而菰米生产周期长、产量低，这就使得急需粮食的宋人对菰米自然爱不起来。加之适合菰生长的地方也适合水稻生长，于是原本生长野生菰的水边荒地，逐渐被开垦出来种植水稻。这些地方因为菰草的匍匐茎盘根错节，淤积了大量的腐殖质，非常适合水稻生长。由野生菰淤积改造的浮田被称为"葑田"，宋朝人利用葑田肥沃的土壤种起了水稻，使得适合菰米生长的地方越来越少。因此，"倔强"的菰因为无法像水稻那样适应当时的农业经济，就逐渐被边缘化了。

不过，失之东隅，收之桑榆，在宋人注意到菰的"绿首"是可以食用的之后，它的命运悄然间又发生了转折。上文提到，"绿首"是菰的花序在真菌的刺激下膨大发育而生出的变态肉质茎。这种专门针对菰的真菌，叫菰黑粉菌，它寄生在少数菰的茎秆中，当这些菰茎开始拔节抽穗时，黑粉菌的菌丝就入侵到菰茎的细胞内抢夺营养。这种菌丝在新陈代谢过程中会分泌一种刺激生长的化学物质（类似于植物自身合成的生长素），使植物茎部膨大，成为茭白。当然，被感染的菰也就不会抽穗结子了。古代人们其实早已发现茭白可以食用。《尔雅·释草》对菰有这样的记载："出隧，蘧蔬"，而"蘧蔬，似土菌，生菰草中，今江东啖之，甜滑"。汉代的"蘧蔬"指的就是茭白。古人一开始只是采集现成的茭白，所得非常有限。宋代之后，人们逐渐学会将茭白挖出，种植在田里，第二年即会产生新的茭白。这是因为菰黑粉菌在冬天会产生孢子，冬孢子一直留在茭白中越冬，从而提高花序被菌丝再次感染的可能性，进而提高长出茭白的可能性。这样，茭白的产量就逐步稳定下来，慢慢地就有了专门种植茭白的基地了。而随着茭白栽培技术的成熟，作为粮食的雕胡米在宋代以后逐渐走向了没落。

物以稀为贵，茭白由于细嫩甘甜和得来不易，逐渐成为人们青睐的蔬菜，获得了"高瓜""菰笋""菰手""茭笋""高笋"等别称。日益稀少的菰借此咸鱼翻身，完成了从主食到蔬菜的华丽转身。然而历史总是喜欢开玩笑。菰米属于全谷物，富含蛋白质和不饱和脂肪酸，具有很高的营养价值。菰米的蛋白质含量（高达15%以上）远远超过稻米（约7%—8%）和其他谷物，而且它的蛋白质中含有更多的人体必需氨基酸，蛋白质功效比值为2.75，高于面粉（0.6）、大米（2.18）、大豆（2.32）。因此，菰米是一种优质植物蛋白资源，不仅可以丰富人们的选择，更为糖尿病、肥胖和高血脂患者提供了良好的食物资源。此外，菰米是黑色食品，具有较强的抗氧化性，对预防和治疗许多慢性疾病大有裨益。

在注重食物营养品质的今天，菰米又重新进入了人们的视野。在北美市场上，已经出现了将菰米和稻米混合包装的产品，混合米的蛋白质含量为14%，是纯稻米的2倍。菰与真菌，上演了绿与白的邂逅；菰与人类，千百年来一直演绎着不弃不离的浪漫故事。随着科学的进步，植物身上越来越多的潜力会被发掘出来。人和植物间的浪漫故事，又会如何继续演绎呢？

黄花碧瓜

黄瓜（*Cucumis sativus*）是葫芦科一年生蔓生攀缘草本植物，在中国各地普遍栽培。黄瓜雌雄同株。雄花和雌花虽然都是有5个花瓣的鲜明黄色花冠，但雄花簇生，雌花多单生，还是很容易区分的。黄瓜的果实顶花带刺，味甘无毒，是餐桌上常见的食物，自古就为人们所喜爱，也是文人墨客争相吟咏的对象。苏轼有词曰："牛衣古柳卖黄瓜。"陆游对黄瓜更是情有独钟，曾为之赋诗三首，其中《种菜》一诗道："白苣黄瓜上市稀，盘中顿觉有光辉。时清闾里俱安业，殊胜周人咏采薇。"清朝诗人吴伟业这样吟咏过黄瓜："同摘谁能待，离离早满车，弱藤牵碧蒂，曲项恋黄花。客醉尝应爽，儿凉枕易斜。齐民编月令，瓜路重王家。"

不过，有一点想必会令很多人现代人百思不解：黄瓜明明

黄瓜标本图

是绿色的，为什么会被称为"黄"瓜呢？有一种观点认为：黄瓜是汉代张骞出使西域带回的品种，与众多舶来品一样，一开始被人们叫作"胡瓜"。到了十六国时期，后赵的建立者石勒为避讳羯族人（汉族称其为"羯胡"）的称呼，而禁用"胡"字，"胡瓜"自此之后就有了个发音相近的新名字——"黄瓜"。

无论是"盘中有光辉"，还是"客醉尝应爽"，其实都道出了黄瓜那独特的脆爽口感。不过，童年记忆中浓郁的黄瓜味总是于清脆爽口之外带着一些苦涩。苦从何处来呢？苦味蔬菜并不少见，最有名的当数以苦闻名的苦瓜。苦瓜所含的苦味物质中最主要的是一类名为"葫芦素"的化学物质。葫芦素是瓜类植物（多属葫芦科）普遍具有的化学成分，它又有什么用途呢？动物与植物这两大生命形式，既相互依存又时刻进行着食用与反食用的较量。由于植物采取固着生长的策略，不能"三十六计，走为上计"，为了应对大到走兽如牛羊小到昆虫如飞蝗的侵袭，植物在千万年的演化过程中发展出了各式各样极为精妙的自我防御体系，其中一项防御措施就是制造"化学武器"。

对植物而言，除了光合作用所产生的作为能量来源物质的糖类之外，核酸、蛋白质、脂类等物质也是基本生命活动不可

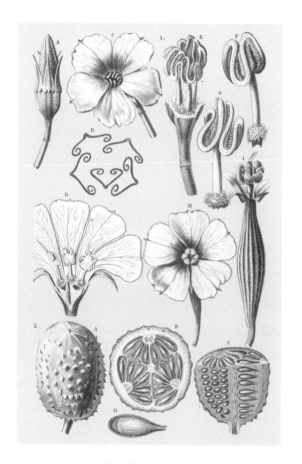

黄瓜花与果实解剖图

或缺的，它们都直接参与基本生命活动。合成这些物质的化学途径叫作初生代谢。植物体内还有很多化学物质，不直接参与基本的生命活动，而是在特定情况下发挥特定的功能，称为次生代谢产物。而植物为了保护自己而制造的"化学武器"，就是次生代谢产物，例如苦瓜体内产生苦味的葫芦素。它的作用是在动物食用的时候，刺激动物的味觉，产生苦的不愉快感觉。这样，动物就会对这种"苦涩不好吃"的植物敬而远之，植物因此实现了防御的目的。

作为美食的黄瓜是脆甜的，但是黄瓜的祖先却是极其苦涩的。野生黄瓜果实中的苦味，是经由人类不断驯化而逐步减少的。但是，在育种过程中一味选择没有苦味的品种，也会导致黄瓜特殊味道的丧失，并影响到黄瓜的生长和产量，那就是"买椟还珠"了。首先要了解黄瓜是如何产生苦味的。苦瓜通过次生代谢产生了葫芦素等苦味物质，而黄瓜也是葫芦科的一员，那么黄瓜的苦味是不是也来自葫芦素呢？事实的确如此，但是苦瓜是"一以贯之"地苦，黄瓜却是"苦尽甘来"。其中又有怎样有趣的故事呢？

次生代谢产物也得自生物体内的化学反应，生物体内的化学反应主要是酶促反应，因此可以说影响次生代谢的关键就

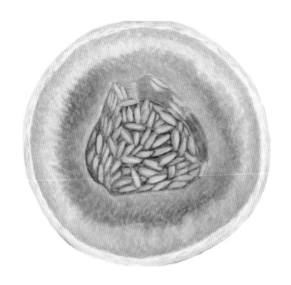

黄瓜剖面

是催化各种化学反应的酶。换言之，酶就是生命体代谢反应的"金钥匙"。而生物体内的酶本质绝大部分都是蛋白质，蛋白质的产生又是基因转录翻译的结果。说到底，是基因控制了苦味。黄瓜的苦味和控制黄瓜苦味的基因并不是单纯的一对一、开和关的关系。中国农业科学院黄三文研究小组的研究表明，黄瓜的苦味一共与9个基因相关，其中两个基因可以控制其他的基因，这两个基因也被视为黄瓜苦味的"总开关"。为什么要有两个"总开关"呢？这是因为这两个"总开关"，一个用于特异地控制叶片中的苦味，另一个用于控制果实中的苦味。初看之下设置两个开关似乎把简单的问题复杂化了，实则不然，不同部位采取不同的防御策略正体现出植物的高明之处。叶子要进行光合作用，其中的苦味是用来防御害虫的。如果天下太平，就不需要防御，也就不用分散精力生产具有苦味的"化学武器"了。这时就应该将叶片的开关关闭。而种子包裹在果实内部，在需要动物们帮助种子传播的时候，果实自然不能太苦，以免动物们无从下口。这时果实的开关就发挥作用，关闭苦味。

苦味主要是受到9个基因的控制，但是环境也依然可以影响到黄瓜的苦味。千百年来，环境与人类农业耕作生产方式都发生了翻天覆地的变化，植物体内的化学反应也在一定程度上变化着，这些或可见或隐藏的变化使得黄瓜的苦味也随之发生了微妙的变化。这些变化同时也为人类更好地利用黄瓜提供了极为便利的条件。民以食为天，食以味为先，作为食物的黄瓜当然是越鲜脆越好，苦味越小越好。那么可以关闭黄瓜的苦味"总开关"吗？当然不行，这将不利于农业生产，使得黄瓜无法应对各种逆境，一有点旱涝病虫，产量就会受到影响。好在黄瓜有两个苦味"总开关"，现代生物学家们已经可以做到精确地关闭果实的"总开关"，而使叶子的"总开关"处于打开的状态，既保证黄瓜能以自身的苦味防御敌害，减少农药的使用，同时又保留了黄瓜的脆爽口感。

黄花碧瓜童年味，谁人解得其中妙？虽然我们的味蕾偏爱甜味，回避苦味，但是现代医学发现，反而是那些苦味食品更有益于健康。苦瓜是生产治疗糖尿病的传统药剂的原料，苦瓜和黄瓜中的葫芦素在近来的多项医学实验中被证明可以抑制癌细胞的生长。现代生物学家们可以精确调控黄瓜不同部位的苦味，也可以利用分子生物学的高科技手段控制苦味物质葫芦素的合成量，从而选育出最符合生产生活需要的黄瓜品种。

"黄金"斗士

人是铁，饭是钢，一顿不吃饿得慌。以食物对抗饥饿，是每一个动物的本能。大多数人都有过饥饿的体验，但是你知道吗？人的饥饿问题可不是单靠摄取食物就可以解决的。营养学家将饥饿分为两种形式：显性饥饿和隐性饥饿。人要是饿了，肚子里就会发出胃肠蠕动的"咕咕"声，就像成语"饥肠辘辘"形容的那样，以此提醒我们该通过进食补充热量了。摄入主要含碳水化合物、脂肪、蛋白质的食物之后，就会产生饱腹感以抵消饥饿感。这一过程涉及的就是通常意义上的饥饿，即显性饥饿。可直接摄取食物的热量只能解决显性饥饿，并不能完全解决人们的另一种饥饿形式：隐性饥饿（hidden hunger）。这是一种因营养不平衡或者缺乏某种维生素或人体必需的矿物质而产生的饥饿。

黄金大米

　　合理膳食要求除了摄入提供热量的营养素，还要有一些微量营养素，如钙、铁、锌等矿物质，以及维生素A等多种维生素。在当今社会，绝大多数人每天摄食的时候，碳水化合物是足量摄入的，但是微量营养素就不一定了。人体对这类营养素的需求量很小，即使偶尔摄入不够，也不会产生像显性饥饿那样饥肠辘辘的即时反馈。但如果长期如此，就会产生隐蔽性的营养素摄入不足的饥饿症状。一般认为，隐性饥饿的特点是人体摄入营养素不平衡而不是"食不果腹"。世界卫生组织将这种营养素摄入不足或失衡的情况称为隐性饥饿。

例如,维生素A是人体必需的一种维生素,而维生素A的缺乏是隐性饥饿常见的一种形式。据统计,全球有约20亿人遭受隐性饥饿,其中有1.2亿—2.5亿人是因为缺乏维生素A。这是一种严重的营养不良,后果相当严重,会导致夜盲症等诸多健康问题。全球每年有几十万人因维生素A缺乏而致盲,有多达数百万儿童因维生素A缺乏而失去生命。为什么人们会缺乏维生素A呢?因为人体不能合成这种维生素,只能从食物中摄取。维生素A有两个来源,一是动物性食品如鱼、肉、奶、蛋等,食用后可以直接摄取其中的维生素A;二是植物性食品如胡萝卜等。植物性食品中不含维生素A,所含的β-胡萝卜素被人体吸收后,可部分转化成维生素A,这种转化的效率比大致为6:1。可见,补充维生素A的最佳途径是食用动物性食品,其次是食用蔬菜水果等含胡萝卜素的植物性食品。说到这里,大家可以理解为什么亚洲和非洲贫困地区的人们会缺乏维生素A了。因为他们无法获取足够多的肉类和蔬菜,主要以大米等主粮维生,而单靠这些食物是无法获得足够的维生素A的。

消除贫困、丰富食物来源和直接提供补给,理论上都可以改善一个地区维生素A缺乏的状况。大家可以更进一步想到，越是贫困地区维生素A缺乏的情况就越严重。而由于经济水平、基础设施、医疗系统等方面的制约，上述这些方法都不太容易有效实现。一个有效改变贫困地区维生素A缺乏状况的途径，就是让贫困地区的人们吃上富含β-胡萝卜素的主食。为此，科学家们希望通过转基因技术，将胡萝卜素合成酶系统导入到不含胡萝卜素的大米胚乳中，从而获得富含β-胡萝卜素的大米。最早提出这个构想的是瑞士苏黎世理工学院的农业育种专家英戈·珀特里库斯（Ingo Potrykus）和德国弗赖堡大学的分子生物学专家彼得·拜尔（Peter Beyer）。经过近8年的不懈努力，他们合作把一个细菌中、两个黄水仙中合成维生素A的基因导入水稻，使得水稻在生成胚乳时可以通过这些基因合成胡萝卜素。用这种方法获得的新大米，因胚乳中胡萝卜素含量高而色泽金黄，晶莹剔透，所以被形象地称为"黄金大米"（golden rice）。

利用水仙花基因得到的第一代黄金大米诞生于2000年，其中胡萝卜素的含量约为1.6微克／克。按照成人每天需要800微克维生素A计算，如果只从黄金大米中摄入胡萝卜素来补充维生素A的话，每人每天要食用3千克黄金大米。显然第一代黄金大米不太实用，只是一个有价值的开始。随后美国生物技术公司先正达的科研人员接过了接力棒，站在两位教授的肩膀上，又经过5年的不断改进，从玉米中找到了功效更强的基因，重新组织了玉米和一种常见土壤微生物的基因的生产线（一个玉米基因及一个土壤微生物基因），培育出了第二代黄金大米。其中的胡萝卜素含量是第一代产品的23倍，达到了37微克／克。这样每人每天只要食用100多克这种大米，就可以满足对维生素A的需要，这就让黄金大米真正具备了实用价值。

实用性的大大提高，为第二代黄金大米的应用和推广奠定了基础。然而，关于黄金大米安全性的争议随之而来。转基因大米到底能不能吃？会不会有附带的食品安全问题？其实，黄金大米自诞生之日起，科研机构便对其安全性进行了详细研究。国际水稻研究所首先对黄金大米的安全性进行了评价研究，结果表明其遗传结构符合法规评价要求，基因表达与亲本材料相比没有非预期改变。从营养上看，黄金大米中的 β-胡萝卜素与其他食物中的 β-胡萝卜素成分和功能是一样的，而且未发现其他营养成分有显著改变。这些新基因所产生的蛋白没有表现出任何毒性，通过分析与检索，也已排除导致人体过敏的可能性，而模拟胃液中的高消化率进一步证明没有致敏可能。

应该说，黄金大米是经受住了科研、生产和时间检验的新产品。黄金大米通过对居民的日常主食——大米进行改良，在不增加生产和消费成本的前提下，为膳食结构存在缺陷的人们提供了高营养的替代食品。与消除贫困、丰富食物来源和直接提供维生素A补给等方式相比，通过黄金大米商品化来消除维生素A缺乏，经济成本较低，效果较好，更具可持续性。然而，虽然黄金大米作为一项伟大的发明，在有效解决贫困地区居民维生素A缺乏问题方面的潜在价值无可否认，但其商业化之路却并不平坦。在我国向贫困宣战的今天，扶贫政策贵在精准是我国社会的共识，黄金大米和类似产品就是对隐性饥饿的高精准扶贫方式之一，是同隐性饥饿作战的强大武器。从科研人员的灵感闪现、第一代与第二代产品的相继面世到举步维艰的推广，30多年弹指一挥间，黄金大米的历史使命远没有实现。我们相信，科学家们在对抗隐性饥饿的斗争中一定会不屈不挠，直至胜利。

咖啡色的诱惑

"饮食男女"，饮尚在食之前，可见饮料在人们生活中的重要地位。放眼当今饮品界，咖啡、茶、可可排名前三，呈现出了一种三足鼎立的格局。然而，无论是在全球产量、消费量还是产值上，咖啡均高于茶和可可而位居三大饮料之首，独占鳌头。据统计，目前全世界每天有将近15亿人饮用咖啡。这三大饮料都有悠久的历史，其中咖啡一度被认为是十分奢侈的饮品而被称作"黑金"。如今，咖啡是世界上最古老、贸易量最大的商品之一，咖啡贸易已成为仅次于石油贸易的国际第二大贸易。

一种茜草科乔木（咖啡树）果实里的果仁经加工变成咖啡豆，咖啡豆磨成粉，冲泡溶解就制成了咖啡饮品。咖啡不仅味道醇香，其中所含的咖啡因等成分还能够提神醒脑，缓解疲

咖啡植株标本图

劳，促进消化。其实咖啡因是一种较为缓和的兴奋剂，主要的作用机理是加快人体的新陈代谢，以此改善人的精神状态，无怪咖啡能够为世界各地的人们所喜爱，并逐渐演变出了一种咖啡文化。就连时尚界也深受咖啡的影响，人们用"咖啡色"称呼那种与咖啡颜色类似的中性暖色色调，提起咖啡色，人们就会产生优雅、朴素、庄重而不失雅致的感觉。

咖啡是如何被人们发现并广泛流行的呢？目前较为普遍的说法是，咖啡最早发现于非洲埃塞俄比亚西南部的卡法地区，而后传入了阿拉伯世界，最终随着大航海时代的风帆风靡欧洲乃至全世界。据传，1400多年前，一位埃塞俄比亚的牧羊人在放羊之时发现，羊吃了一种野生灌木的暗红色果实之后会变得异常兴奋。牧羊人感到十分好奇，决定亲自尝试一下。没想到吃过之后，牧羊人感到浑身上下都很轻松，精神也变得格外振奋。这件事情随后在当地流传开来，人们纷纷采摘这种果实用于提神。起初人们食用咖啡的方法非常简单粗暴，即像羊一样直接嚼食咖啡果实。直到11世纪左右才出现了水煮咖啡。17世纪初期，咖啡随着威尼斯商人首次来到了欧洲，随后在17世纪中后期，随着荷兰人的殖民扩张，咖啡传入了印度尼西亚和美洲。到了20世纪初期，种植咖啡已经成为中美洲和南美洲的传统。关于咖啡传入美洲有这样一则趣闻逸事：在1727年的圭亚那，荷兰和法国发生了殖民地领土纠纷，双方请巴西（当时巴西隶属于葡萄牙）的一位官员帕赫塔来调停。帕赫塔要求得到一袋生咖啡豆作为酬劳。经过一番努力后他最终调停成功，但两国却拒绝支付生咖啡豆。无奈之下，帕赫塔只好去恳请法属圭亚那总督夫人帮忙索要咖啡豆。同情他的总督夫人，就将咖啡种子藏在鲜花中送给了帕赫塔，咖啡由此传入了巴西。不承想无心插柳柳成荫，巴西的气候条件非常适于咖啡树的生长，咖啡种植在巴西迅速推广，如今巴西已是世界咖啡生产第一大国。

　　全球范围内有90多个地区适于种植咖啡树。咖啡树生长所需的温度和降雨条件，决定了咖啡树最适宜的种植区在介于南北回归线之间的热带区域。咖啡属的植物总共有60多种，而可进行人工种植的有20多种。目前全球主要有5个咖啡品种。阿拉比卡种（小粒种咖啡），原产于埃塞俄比亚，是世界主要的咖啡种植品种，约占世界咖啡总量的70％。罗布斯塔种又称甘佛拉种（中粒种咖啡），原产于非洲热带雨林，栽培面积仅次于阿拉比卡种，约占世界咖啡总量的20％—30％。利比里亚种（大粒种咖啡），原产于非洲利比里亚，适于在低海拔、气温较高的地区生长。埃塞尔萨种，原产于西非洲的查理河流域。阿拉巴斯塔种，由法国咖啡和可可研究所研究种植，通过将用秋水仙碱处理得到的四倍体中粒种和小粒种咖啡杂交得到。

　　一说到咖啡人们总是不自觉地将它和浪漫闲适的情调联系起来，实际上咖啡有着很多不为人知的"黑历史"。咖啡成为世界饮品霸主的历程，也是一波三折，可以分为三个阶段。第一阶段，是咖啡速食化的阶段，而速溶咖啡的形成和流行主要与当时的世界形势有关。战争是催生速溶咖啡的主要因素。二战时期，咖啡是美国分给士兵的配给品，因而须要满足实用性和大批量生产的要求。此时的咖啡主要是速溶形式的。其实，速溶咖啡是一种过度萃取的咖啡，是将咖啡粉正常萃取之后再把咖啡萃取液烘干，产生能100 %溶解的咖啡成分颗粒。为了降低成本，制造者甚至连不溶于水的咖啡粉里的木质素和淀粉也不放过，采用水解技术将之转化成水溶化合物来增加咖啡的浓度。这种速食咖啡已经失去其原有的香味，当时的人们形容它像洗脚水一样难喝，须要加入奶油和香精饮用。

　　咖啡发展的第二阶段，是以星巴克咖啡为代表的品牌精品咖啡时代。在大部分美国人将速溶咖啡作为饮品时，意大利及北欧国家的人们此时却享受着优质咖啡。深谙商业之道的人

咖啡的花与果实

们，开始将深度烘焙的概念以及意式浓缩咖啡的理念传递给美国庞大的咖啡消费人群。其中的佼佼者就是后来被称作美国精品咖啡运动教父和教母的比特和努森。比特推广新鲜烘焙，努森推动产地精品咖啡，共同开启了咖啡精品化的时代。在咖啡品牌上，"星巴克"是最具有代表性的。1971年在美国西雅图的派克市场，第一家星巴克开张，此后星巴克迅速走红。而比特的三个徒弟也将他的重烘美学带到了美国。精品化咖啡迅速扩散，我们现在常见的拿铁、卡布奇诺等咖啡饮品就是在那时首次出现而后逐渐被人们所熟知的。

咖啡饮品发展的第三阶段，融入了更多的美学元素，让咖啡的诱惑"火力全开"。美学化时期的咖啡有三个主要代表："知识分子""树墩城""反文化"。其中知识分子咖啡最重要的一个特色就是采用了"直接交易"的方式——咖啡馆直接从咖啡种植者那里采购咖啡，然后直接进行烘焙和萃取得到咖啡饮品。这个时期的咖啡相对于之前的两个阶段来说，更加突出咖啡的高质量和口感，讲求的是咖啡原有的味道。另外，最初的人工滤泡制备咖啡的方式受到更广泛的欢迎。《精品咖啡学》一书更总结出了咖啡第三波浪潮的六大进化元素：重视地域之味、避重焙就浅焙、重视低污染处理法、滤泡黑咖啡是主流、产地直送烘焙厂以及科学诠释咖啡美学。

　　大约在19世纪，咖啡进入我国台湾及海南等地，并很快与茶分庭抗礼，中国的咖啡发展史由此开端。咖啡对于人们来说已不仅仅是一种简单的饮品，它的历史、文化、思想内涵都早已成为人类文明不可或缺的一部分。

第五章

技术变迁

漫漫历史长河中，作物的驯化使得文明生根发芽。文明的进展，伴随着科技的发达。良种的选育优化，耕作方式的改良飞跃，不但是时代进步的标志，也是科学技术的结晶。对作物追根溯源，对植物寻微探幽，拓展了我们认识世界的视野，赋予了我们改良作物的方法。回顾过去，最近一百年里农业技术发生了翻天覆地的变化：绿色革命与杂交育种横空出世，基因技术的黄金时代即将开启。展望未来，农业科技革新方兴未艾：模拟光合作用的"绿色永动机"开始试车，空间技术与植物工厂蓄势待发。因为目标是星辰大海，我们永不停止探索的步伐！

绿色革命

　　餐桌上食物的变迁，折射出文明的演变和社会的变革。食物的变迁绝非轻而易举，主要依赖于不同文明体之间的贸易与交流，以及科学技术的发展。距离我们最近的一次食物的重大变革，就是所谓的"绿色革命"了。这是指20世纪60年代，由于以矮秆小麦和水稻为代表的新型高产谷物品种的大面积推广种植，再辅助以灌溉技术和机械化的发展，以及化肥和农药的广泛使用，全世界——特别是人口众多的发展中国家的主要粮食产量获得大幅度提高的一场农业变革。

　　进入20世纪以来，随着生产力水平的提高，医疗卫生条件的改善，尤其是二战结束后整个世界进入相对和平时期，世界人口增长十分迅速，著名的二战婴儿潮就发生在这一时期。特别是分布于亚洲、非洲和拉丁美洲的发展中国家，随着殖民地

小麦的花序与果实

国家的独立和民族解放，这些国家的人口以史无前例的速度增长。例如，印度人口在1941年增加到3.9亿，中国人口1953年达到5.8亿。"兵马未动，粮草先行"，人口急剧增加，对食物（尤其是提供热量的谷物）的需求自然也跟着急剧增加。"人是铁，饭是钢，一顿不吃饿得慌。"面对人口日益增长所带来的粮食安全问题，西方国家开始大规模投资农业科学和装备研究，以促进农业发展。随着现代化种植模式的推广、农业科学技术的发展、化肥和农药的大规模使用，农产品产量得到了非常显著的提高。进入20世纪下半叶后，绝大多数发达国家都获得了稳定的食物供应，消除了饥饿的威胁。

　　然而，这些先进的农业技术却在发展中国家应用缓慢。主要原因是殖民统治者对殖民地国家的农业生产缺乏投入，导致这些地区农业基础设施薄弱，优良作物品种匮乏，生产方式落后。到了20世纪60年代中期，发展中国家饥饿和营养不良的状况随着人口的增加而日益凸显，带来了令人不安的社会动荡。在印度，接连不断的旱灾使得本就不稳定的社会局势更加恶化；而在东南亚和拉丁美洲，一些国家日益依赖富裕国家的食品援助，严重制约了社会发展。尽快找到一条解决粮食问题的捷径，成为当时科学家面临的一个巨大挑战。而绿色革命就是在这样的时代背景下，为解决世界人口迅速增长导致的吃饭问题而掀起的一场农业科技革命。

在绿色革命中，两个国际研究机构中的科学家做出了突出贡献。其中一个研究机构是位于墨西哥的国际玉米小麦改良中心，西班牙文全称是Centro Internacional de Mejoramiento de Maíz y Trigo，简称CIMMYT。当时，墨西哥种植的小麦品种植株普遍较高，施化肥后茎秆长得非常高大。这样一方面会消耗大量的光合作用产物而影响产量，另一方面也导致重心较高，在风雨天容易发生倒伏。倒伏后谷穗混在泥土中，严重影响收获。而矮秆小麦能够将更多的光合作用产物储存到籽粒中，使产量提高，同时，株高降低后，茎秆侧向受力的力矩变小，不易发生倒伏。1953年，国际玉米小麦改良中心的生物学家诺曼·布劳格（Norman Borlaug）从日本引进了矮秆小麦"农林10号"，将其与墨西哥当地的优良品种进行杂交，育成了30多个矮秆、半矮秆品种，株高降低了1/3—1/2，兼具抗倒伏、抗病、高产的突出优点。

在布劳格的推动下，这些矮秆小麦品种在墨西哥不断得到推广。奇迹发生了。到了1956年，墨西哥全国的小麦产量翻了一番，达到自给自足的水平。而到了1963年，墨西哥95％的小麦作物都是布劳格的新品种小麦，收成是1944年时的6倍，而墨西哥也因此成为小麦净出口国。由于这个巨大成功的示范作用，矮秆小麦品种逐渐被推广到世界上许多国家和地区，特别是印度等一些发展中国家。从20世纪60年代到90年代，世界粮食产量增加了一倍，极大扭转了20世纪上半叶出现的全球饥荒局面，拯救了亿万人的生命。1970年，挪威诺贝尔委员会授予布劳格诺贝尔和平奖，颁奖词中写道："他帮助了一个饥饿的世界，为之提供了面包，这种帮助超越了同时代的任何人。我们做这个决定是因为，在得到面包的同时，也得到了和平。"正是因为这样的贡献，布劳格被称为"绿色革命之父"。

另一个研究机构是位于菲律宾的国际水稻研究所，英语全称是International Rice Research Institute，简称IRRI。通过将我国台湾地区的"低脚乌尖"品种所具有的矮秆基因导入高产的印度尼西亚水稻品种"皮泰"中，国际水稻研究所成功培育出第一个半矮秆、高产、耐肥、抗倒伏、穗大、粒多的奇迹稻——"国际稻8号"。此后，又相继培育出了"国际稻"系列良种，改良了抗病害、适应性等性状。这些水稻品种在发展中国家迅速推广开来，使这些国家的水稻产量显著提高，带来了巨大的农业经济效益，在很大程度上解决了粮食自给问题。例如，菲律宾从1966年起推广种植"国际稻"高产品种，同时采取了增加投资、兴修水利等一系列措施，当年就实现了大米的自给自足。此后20年中，菲律宾的水稻年产量更是从370万吨提高到770万吨。

那么，为什么"农林10号"和"低脚乌尖"这两个品种的植株会比其他品种矮呢？随着分子遗传学的发展，科学家们通过克隆这些品种中的矮秆基因，解答了这一问题。原来，植物体内有一种叫作赤霉素的激素，它是植物自身生成的小分子化合物，经特殊的蛋白质识别后，能发挥促进茎节伸长的作用。"低脚乌尖"水稻的一个参与赤霉素生物合成过程的关键基因Sd-1发生了突变，削弱了这一基因的功能，导致赤霉素的含量减少而使得植株变矮。而"农林10号"小麦中导致矮秆的基因Rht1，是植物识别响应赤霉素的一个关键基因。这个基因突变后，赤霉素的含量虽然没有改变，但是植物对赤霉素变得不那么敏感了，从而导致株高降低。

矮秆谷物品种的广泛种植，很大程度上解决了20世纪的世界粮食问题。但事物都有其两面性，科学技术的进步也是如此。绿色革命在提高农产品产量、拯救无数生命的同时，也带来了农业模式的转变。这种过分依赖化肥农药的农业模式具有的很多隐患，也在近年逐渐显现出来，例如对土壤的破坏和对淡水水体的富养污染等。"江山代有才人出，各领风骚数百年"，任何领域的变革既不能一蹴而就也不能一劳永逸。高产优质环保的未来农业，需要科学的继续发展。

杂交水稻三部曲

在长期的农业生产实践中，人们注意到自然界中普遍存在一种被称为"杂种优势"的现象。例如，将善于奔跑的马和耐力持久的驴杂交，产生的后代骡子就兼具双亲的优势。人们很早就想将杂种优势应用到水稻生产中去，以培育具有优良农艺性状的杂交水稻。然而，与驴、马不同的是，水稻采用自交的策略繁殖后代。水稻的每一个稻穗上都有许多小花，每朵小花中既有雄性生殖器官（雄蕊），又有雌性生殖器官（雌蕊）。要想利用杂种优势，就必须使一株水稻的花粉与另一株他种水稻的雌蕊结合。这就须要人为地去掉一株水稻小花的雄蕊，获得只有雌蕊的"雌水稻"，以接受他种水稻的花粉。这样授粉后就获得了杂交水稻种子（杂交组合），而这样得到的杂交种子也就可以供人们衡量品质并择优选择了。

水稻花器官解剖图

因为只有很少的杂交组合最终能够用于农业生产，这就要求育种家们去筛选大量的杂交组合，从中找到好的杂交组合，经过反复测试比较后才可能成为可在生产上推广应用的杂交稻品种。而下一步就是要制备足够多的这个杂交稻品种的种子供广大农民种植。在大面积稻田中对数不胜数的水稻植株的小花进行人工去雄，需要海量的人力投入，这在生产上是极不现实的。因此，需要技术创新来获得低成本、高纯度的杂交稻种子。被誉为"中国杂交水稻之父"的袁隆平先生于1966年在《科学通报》上发表了一篇里程碑式的文章《水稻的雄性不孕性》，由此拉开了我国杂交水稻研究与利用的序幕。此后半个多世纪，我国的科学家与育种家们坚持不懈，薪火相传，开发出了多种杂交水稻技术方案，可分为第一、第二、第三代杂交水稻技术，在中华大地上谱写了一曲堪称《阳关三叠》的杂交水稻育种之歌。

杂交水稻技术的最初突破，得益于大自然的慷慨馈赠。1964年和1965年，袁隆平先生先后从"胜利籼""矮特号"等水稻品种中发现了6株不能产生正常可育花粉的雄性不育株，而其雌蕊发育正常，可以接受花粉完成受精。以这些雄性不育株作为母本的杂交种具有生长和产量优势。但因不育株不能自交结实，不能规模化繁殖不育系种子，故不能用于生产。为此，科学家们首先研制出了巧妙的"三系法"杂交技术。三系包括"不育系""保持系"和"恢复系"。"不育系"是"雄性不育系"的简称，指雌蕊正常的雄性不育株，其不能自身繁殖，但可作为母本接受花粉。"保持系"的雌、雄蕊都正常，能自身繁殖，但用其花粉给不育系授粉后结出来的种子长成的植株是雄性不育的，这样就保持了不育系的不育特性，使我们有了可持续规模化使用的不育系。"恢复系"的雌、雄蕊也都正常，也能自身繁殖，用其花粉给不育系授粉后结出来的种子长成的植株是可育的，这就相当于使不育系的育性恢复到了正常状态。生产上大面积使用的杂交稻种子就是通过"恢复系"与"不育系"的大规模杂交制备出来的。"三系法"技术最先在玉米中应用，袁隆平团队根据同样的原理开展了杂交水稻技术攻关。1970年，袁隆平的学生及助手李必湖在海南野生稻中发现一个雄性败育株，通过与栽培水稻杂交和多代回交，育成了以海南野生稻为细胞质来源、栽培水稻为细胞核来源的雄性不育系。这类不育系称为"野败不育系"。随后制备了该不育系对应的可育水稻作为"保持系"，并海选出了相应的多个"恢复系"。自1973年后，三系杂交水稻在中国大面积推广，为提高粮食产量做出了巨大贡献。

　　为了详细说明三系法杂交技术的具体原理，我们先来了解几个概念：细胞由细胞质和细胞核组成，细胞核和细胞质中都有基因；在授粉杂交的精卵结合过程中，母本卵细胞既提供细胞质也提供细胞核，而父本精细胞只提供细胞核；雄性器官的育性由细胞质和细胞核中的育性相关基因维持，这些育性基因负责雄性器官正常发育，只有它们出现问题时才表现出雄性不育。在三系育种体系中，不育系的细胞质基因出现问题（突变）导致雄性不育；保持系细胞核基因与不育系完全一样但细胞质中基因正常，因此是雄性可育的；恢复系细胞核中有特定的、对应于某个不育系的细胞质基因突变的"育性恢复基因"，其本身是育性正常的，但与不育系授粉后可专一地恢复不育系的育性。在三系技术中，不育系作为母本只负责提供卵细胞，保持系和恢复系都只作为父本提供精细胞。如果不育系与保持系杂交，则杂交后代细胞质中依然是来自不育系卵细胞提供的细胞质基因突变，其细胞核中有不育系卵细胞和保持系精细胞提供的细胞核基因，因而雄性不育，可以继续用作下一轮杂交的母本；如果不育系与恢复系杂交，则杂交后代细胞质中还是来自不育系卵细胞提供的细胞质育性基因突变，而其细胞核有恢复系精细胞提供的细胞核"育性恢复基因",这样的杂交后代是雄性可育的,可以结出种子。

在三系法育种技术的基础上,科学家又开发了两系法育种技术。在三系法育种中,不育系、恢复系和保持系三者的组成设计虽然巧妙,但是育种周期长、操作烦琐。如何能既让不育系和恢复系杂交产生具有优良性状的杂交种,又能避免不育系绝种呢?大自然又为人类献上了一份大礼。1973年,杂交水稻专家石明松在粳稻农垦58试验田中发现了一株雄性不育株,但在随后按三系法育种技术寻找保持系时未获成功。1979年,通过分期播种试验发现,该不育系在9月3日以前的长日高温条件下抽穗为雄性不育,在之后的短日低温条件抽穗为可育。这种对光照长短和温度高低敏感的不育系称为"光温敏雄性不育系"。1981年,石明松提出了"两用不育系"的概念,开启了我国两系法杂交水稻育种技术研究的新纪元。两用不育系就是将光温敏雄性不育系一系两用:因为它在夏季高温长日照下表现为雄性不育,所以可以作为母本(即作为不育系)与优良性状的父本杂交获得生产上使用的杂交种;而在秋季低温短日照下它是可育的,可以自交繁殖种子,从而保持了其光温敏不育的特性(作为保持系)。这种方法利用大自然环境的变化来控制不育系雄性育性的转换，使得不育系兼具不育系和保持系的功能。由于该技术只需要不育系和恢复系而不需要额外的保持系，所以称为两系法杂交育种技术。不同于三系法中不育系的细胞质基因突变导致不育，两系法中不育系的光温敏不育特性是由细胞核内基因突变导致的，与细胞质基因无关。

虽然两系法育种简化了育种程序，但对于光照和温度环境有严格要求，生产中常因田间温度与预期不同导致杂交种制种及不育系繁种失败，技术的稳定性有所欠缺。那么，如何才能在两系法的基础上再进一步，创造出稳定可控又易于生产作业的不育系呢？在2010年，本丛书主编邓兴旺教授带领团队运用现代分子遗传手段，在新一代杂交水稻育种技术上率先取得突破，验证了"智能不育杂交育种技术"，即第三代杂交水稻技术的可行性。下面以邓兴旺教授团队发表的改进版技术方案说明这项技术是如何实现的。

邓兴旺教授团队通过对水稻的大规模化学诱变筛选，获得了完全不能形成花粉的水稻雄性不育突变株，再利用基因克隆技术找到了突变对应的*OsNP1*核基因。该核基因只在花粉发育中特异性表达和发挥作用，其突变（以*osnp1*表示）会导致花粉完全败育。将*OsNP1*与α-淀粉酶基因以及一种来自珊瑚的

水稻的穗状花序与种子

红色荧光蛋白基因串联起来，通过转基因方法一起导入osnp1雄性不育植株中。在这个转基因株系中，所转入的三个基因都只有单个拷贝，并紧密联系在一起发挥作用，*OsNP1*基因用于恢复雄性育性（它与*osnp1*一起出现时效应强过*osnp1*而使转基因株系表现出雄性可育），淀粉酶基因通过对淀粉的降解作用而使花粉失去活性（作为花粉败育基因），而红色荧光蛋白可以作为标记来筛选种子。将这个转基因株系进行自交时，由于淀粉酶基因的作用，该转基因株系不能产生含有上述三个转基因的花粉（精细胞），而只能产生含*osnp1*基因的花粉；同时，这个转基因株系可分别产生一半含上述三个转基因的卵细胞和一半只含*osnp1*的卵细胞。当只含*osnp1*基因的精细胞与只含*osnp1*基因的卵细胞结合时，所产生的种子不含有上述三个转基因，种子不能发出荧光，数量占转基因株系产生总种子量的一半。这些种子长成的植株由于其中两个*osnp1*基因一起作用而表现出雄性不育，所以可以作为不育系制备杂交种。含*osnp1*基因的精细胞与含三个转基因（及*osnp1*基因）的卵细胞结合，所产生的种子含有三个转基因，其中红色荧光蛋白基因使种子发出红色荧光，种子数量也占转基因株系产生总种子量的一半（另一半）。这些种子长成的植株自交时与最初的转基因株系一样，还会继续产生一半不含转基因、无荧光的种子作为不育系，同时也会产生另一半含转基因、发荧光的种子作为保持系。这两种种子可以通过红色荧光分选仪进行快速高效筛分。通过这样的分子设计手段，给不育株转入三个串联基因，就可以反复循环，大批量生产非转基因的、性状稳定的不育系，用于大规模制备杂交种子了。由于该类不育系的花粉不育性完全受核基因控制，不受光照和温度环境因子影响，故易于实现安全、高产制种，降低杂交水稻制种成本，提高农民收益。

上文只是简单介绍了三种杂交水稻技术的基本原理。事实上，杂交水稻技术的发展远不像文中描述的那样容易，利用杂交育种技术培育出优良品种的过程充满艰辛。正是几代农业科研人员体力和智力的双重付出，推动了杂交水稻技术的一步步前进，为保障我国和世界粮食安全做出了巨大贡献。

绿色"永动机"

2015年12月12日，发生了一件具有深远意义的事情。这一天，《联合国气候变化框架公约》近200个缔约方在法国巴黎召开的全球气候变化大会上，正式通过了《巴黎协定》。《协定》规定各方应立即采取实际行动减少温室气体排放，共同增强人类对气候变化的应对能力，为全世界的可持续发展指明了方向。《协定》中重点提及的能源问题，是自古以来人类就面临的重要问题，在现代社会更加突出，不但对世界经济和地缘政治产生了深刻影响，与环境保护的矛盾也在加剧。这是因为工业革命至今，化石燃料（包括煤炭、石油、天然气等）已成为人类生产与生活的最主要能源。随着世界人口增加、经济发展，化石燃料作为不可再生能源终将枯竭。开采和使用化石能源，还带来了严重的环境污染和温室效应等全球性问题。这就迫使人们寻找和开发新的清洁能源。

万物生长靠太阳，太阳能是地球上生命活动所需能量的最终来源，是几乎取之不尽用之不竭的清洁能源。光合作用是大自然对太阳能最好的利用，它是含有叶绿体的绿色植物和某些细菌（如蓝藻）在可见光照射下，经过光反应和碳反应（旧称暗反应）两个过程，利用光合色素捕获太阳能，驱动二氧化碳和水转化为有机物，并释放出氧气的生命现象。在这一过程中，太阳能（光子）先被转化为电能（高能电子），再由电能转化为化学能储存在有机物中。当前作为地球上主要能源的煤炭、石油、天然气等化石燃料，其实是死去的动植物体内的有机物在地下受到温度和压力的作用形成的，是地球在几百万年的历史中积累的光合作用产物。

植物光合作用虽然是自然界利用太阳能的主要方式，但这种能源利用的效率却并不高，大部分植物的光能利用率不足1%。科学家从植物的光合作用中获得启发，希望能够设计一个人工系统来模拟光合作用，并使它具有比光合作用更高的光能利用率。"人工光合作用"这一理念，最早由意大利化学家贾科莫·恰米奇安（Giacomo Ciamician）在1912年提出，认为人们可以使用光化学装置捕获光能以替代化石燃料。目前人

向日葵

工光合作用的主要研究分为两部分。第一部分类似于光合作用的光反应，通过一种化学催化材料，将水在一定的电压下高效地电解为氧气，同时产生质子和电子，质子与电子结合生成氢气。生成的氢气可直接作为能源，也可被进一步合成有机燃料。这一过程所需的电力，由硅太阳能电池供给。第二部分是二氧化碳的还原，即将空气中的二氧化碳、第一部分产生的氢气以及水合成有机燃料。这一反应可由化学催化剂来催化，也可以通过微生物来实现。这一部分类似于植物的碳反应。

利用太阳光裂解水最早在1983年实现，采用的装置因为类似直接吸收太阳能的树叶，因此被称为"人造树叶"。"人造树叶"实验的难点在于优化裂解水的催化剂。在研究的早期，科学家们往往利用铂、钌等贵金属作为催化材料，这些催化剂价格昂贵且寿命短暂，因此很难进行规模化应用。2008年，美国化学家丹尼尔·诺塞拉（Daniel Nocera）率先发现钴、镍等金属化合物以及磷酸盐可以利用太阳能催化水裂解为氧气和氢离子，并可以与能够催化氢离子合成氢气的催化剂铂组合使用。这一催化剂的发现被认为是人工光合作用研究的重大突破，它不仅催化效率远高于铂、钌等，而且寿命更长、更稳定，使催化剂成本大大降低。2009年，诺塞拉名列美国《时代》周刊年度最具影响力一百人。

也是在2009年，科学家们又发现廉价的羰基铁化合物也能够高效地利用太阳能催化水的裂解。

人工光合作用的第二部分，是将水裂解产生的氢气与空气中的二氧化碳反应产生有机燃料。一些过渡金属的磷酸盐化合物可以催化这一反应，但是这些反应需要高浓度的二氧化碳。除了化学催化剂，一些微生物也可以实现这一过程。比如，诺塞拉等人就发现一种叫作罗尔斯通氏菌的细菌，可以直接利用大气中的二氧化碳和水裂解产生的氢气高效合成有机物。通过基因工程改造，这种细菌还可以合成人类指定的有机物，如醇类物质。2016年，诺塞拉等人将这种细菌和前面提到的以钴和磷酸盐为催化剂的"人造树叶"组合起来，发现其太阳能利用率可达10%，远高于植物光合作用的效率。

值得一提的是，人工光合作用并不仅仅停留在研究阶段。许多公司和研究机构正致力于将其应用于生产和生活。2009年，日本三菱集团称，他们开发的人工光合系统可以利用阳光、水和二氧化碳在居民家中合成树脂、塑料和纤维。2011年，诺塞拉和他的研究团队声称成功制造出了第一个生产上可用的"人造树叶"。这种扑克牌大小的"人造树叶"，能够利用太阳能裂解水产生氢气，其效率是光合作用的10倍，且造价低廉、工作条件简单、性能稳定。近几年来，越来越多的公司和研究机构开始将大量的人力和财力投入到人工光合作用的研究和技术开发中来。

人工光合作用系统是化石燃料最理想的替代物之一，它的优点主要有两个。首先是能量利用效率高。植物光合作用须要先将太阳能转化为电能，然后再将电能转化为化学能。二次转化会造成能量损失，且植物自身生长发育也会消耗光合作用固定的大量能量。而人工光合作用将太阳能直接转化和储存，避免了二次转化造成的能量损失，能量利用效率大大提高。其次是环境友好。人工光合作用以空气中的二氧化碳为原料，能缓解温室效应，且人工光合作用的副产品只有氧气，不会造成环境污染。但是，当前人工光合作用系统还有一定的缺陷。由于人工光合作用催化剂在水中易受腐蚀，效率会随使用时间的延长而降低。此外，这些催化剂通常对氧敏感，氧气浓度较高会导致失活或降解。同时，人工光合作用系统目前的造价较高，还无法取代化石燃料成为生产和生活的能量来源。尽管人工光合作用有这些缺陷，作为一种新型清洁能源还是"小荷才露尖尖角"，但"接天莲叶无穷碧"的前景依然让人充满期待。

保卫"棉花糖"

　　衣食住行，涵盖了生活的方方面面。衣排在首位，充分说明了衣的重要性。而提起衣，人们首先想到的可能就是"布衣"。"布衣蔬食"形容生活俭朴，"布衣"一词可泛指老百姓，这是因为古代的"布"是纤维粗粝的麻葛织物。而现在说的"布"，是指棉布，其主要原料棉花是锦葵科棉属（*Gossypium hirsutum*）的一种植物果实内部长出的白色纤维团。棉花开花后不久就会转成深红色，花瓣凋谢后留下绿色的小型蒴果，即棉铃，里面有棉籽，就是棉花的种子。像许多植物的种子一样，棉籽也富含油分，精炼后清除棉酚等有毒物质就得到了可供食用的棉籽油。

　　棉籽表面覆盖了一层绒毛，由表皮细胞中长出并逐渐填充到棉铃内部。棉铃成熟裂开后，就露出了洁白柔软的纤维团，

棉花植株

像是一朵朵结在枝头的棉花糖。丝柔的棉花纤维被人类编织加工后，变成了可以穿戴的美丽衣物。但是在棉铃虫这类棉花害虫的眼中，棉花还真是蜜甜的棉花糖呢。棉铃虫饱食棉花的叶、花、棉铃，导致棉花大幅减产，造成巨大的经济损失。应对各种棉花害虫的传统武器是农药，但农药被诟病已久。大量喷药不但提高了种植成本，造成环境污染，长期高剂量使用农药还会使害虫产生抗药性，变得更加难以对付。为了应对这种状况，生物学家们在付出了很大努力后研制成功了转基因抗虫棉。

　　转基因抗虫棉通过转基因手段获得了棉花中原本没有的抗虫基因，能够有效抵御害虫的侵袭。不妨以Bt抗虫棉为例来进行说明。*Bt*抗虫基因来源于一种细菌——苏云金芽孢杆菌，这种细菌因最初于1911年从德国小镇苏云金的一批昆虫样本体内分离出来而得名。苏云金芽孢杆菌的一个主要特点是会产生一类对蛾子、甲虫、蚊蝇等昆虫有很强毒性的蛋白质，它们食用后便会中毒身亡。这种毒蛋白最初是以一种无毒的原毒素形式存在，被昆虫取食之后，会在昆虫的消化道内转化为有毒的活性状态，破坏昆虫消化道的细胞，进而杀死昆虫。这种毒蛋白可以说是一种"私人定制"的高级毒药，只能特定地在昆虫消化道内转化为活性状态，人类或家畜食用这类蛋白却不会受到毒害。

生物学家在发现了Bt蛋白的这种特性后，就设想如果能够将编码Bt蛋白的细菌基因，通过转基因的手段，有的放矢地导入到植物当中，就可以使得植物获得合成Bt蛋白的能力了。那么，当有害昆虫食用了这类植物后，就会因为摄入毒蛋白而死亡，从而达到赋予植物抗虫性的效果。早在20世纪80年代，比利时一家生物技术公司的研究人员首先成功地将Bt基因导入烟草中，培育出了可以毒杀烟草天蛾幼虫的抗虫烟草。随后其他许多公司和科研机构纷纷跟进，先后成功地将不同类型的Bt基因转入多种作物当中，培育出了不同作物的抗虫品种。1995年，美国环保局批准了两个转基因抗虫棉的品种，拉开了转基因抗虫棉大规模商业种植的帷幕。我国的转基因抗虫棉研究比国外稍晚。1990年，我国科学家独立分离克隆出Bt基因并对其进行改造和优化，成功培育出了多个具有良好抗虫性的转基因抗虫棉品系。1998年，第一批转基因抗虫棉品种通过国家审核，标志着我国成为继美国之后第二个独立培育出商用转基因抗虫棉品种的国家。在此基础上，我国科学家还通过将多种不同类型的Bt基因转入棉花中，以培育具有更强抗虫能力的品种；或者将其他外源基因导入棉花，培育抗除草剂、抗真菌病害的组合型转基因棉花。

　　转基因抗虫棉当然不是一劳永逸地解决了所有虫害问题，也存在一定的局限和潜在风险。首先，抗虫毒蛋白基因是人工添加到植物中去的，控制它在植物体内合成毒蛋白的机制还不完善，这就使得棉花还不能"随心所欲"地在不同生长时期、不同部位合成出最佳剂量的毒蛋白，有时仍然须要额外施加农药以保护植株不被害虫侵扰。这是生产实践中须要注意的一个环节。同时，转基因抗虫棉的使用不可避免地会使害虫产生对毒蛋白的耐药性甚至抗药性。虽然这种抗性的产生速度相比使用化学杀虫剂的情况要缓慢很多，但在抗虫棉的推广应用中确已发现了对毒蛋白有一定抗性的害虫。其次，由于毒蛋白一般只对一部分害虫起作用，在长期大规模种植以后，棉田里的主要害虫可能已被基本消灭了，但与此同时，一些之前数量较少的次要害虫却可能趁机大量繁殖，成为新的主要害虫，继续威胁棉花的生长。最后，转入棉花中的毒蛋白基因有可能通过花粉传播等方式扩散到其他植物上去，造成基因污染。例如，如果杂草获得了抗虫能力，就可能会生长得更加旺盛而干扰到棉田的生态平衡。

虽然转基因抗虫棉并非全能，在实践中面临须要加以注意的问题，但却毫无悬念地在生产应用中实现了很高的经济和环境效益。首先，由于可以自发合成抗虫毒蛋白，有效杀灭包括棉铃虫在内的多种棉花害虫，有效减少了虫害带来的经济损失。其次，由于抗虫毒蛋白带来的抑虫效果，棉花整个生长时期的农药使用量可以降低60％—80％，节省了劳动力，增加了棉农收益。最后，抗虫棉的推广减少了大量使用农药对生态系统造成的污染和破坏，保护了生态系统。自1996年转基因抗虫棉率先开始在美国、墨西哥、澳大利亚三国商业化种植以来，其种植比例不断扩大。至2015年，各种转基因棉花已占全世界棉花种植面积的75％，种植转基因棉花面积最大的四个国家——印度、中国、美国和巴基斯坦的转基因棉花种植面积约占到全球转基因棉花总种植面积的80％。我国目前种植的棉花中，超过95％的是转基因棉花。

转基因技术是科技进步的产物，也深深打上了时代的烙印。转基因技术同所有的新技术一样面临争议，这既关乎技术方法，也关乎社会认知，但脱离科学与事实的极端观念是不可取的。与转基因主粮相比，转基因技术在棉花上应用的争议较少，一方面是因为棉花不是直接食用的作物，另一方面也是因

棉铃成熟开裂时露出纤维

为其在"棉花糖"保卫战中厥功甚伟。这告诉我们，虽然转基因技术的广泛应用是大势所趋，但要使大众接受它，除了科普和宣传，更多的努力还要放在推出真正具有优势的作物品种上来。

蔬菜"小人国"

　　《格列佛游记》这部深刻揭露人性的小说，因为离奇的想象和夸张的情节而给读者留下深刻印象。小说中出现的利立浦特王国，是由个头比正常人类小得多的种族组成的，是名副其实的"小人国"。故事里格列佛医生在出海航行时，意外漂泊到小人国。在那里，体型上的巨大优势让一个在人类社会温良谦和的普通医生，化身成为力可敌国的巨人。这种换位思考，在农业中也大有用武之地呢。

　　香椿是原产于我国的楝科落叶乔木，作为一种食品早在汉代就已风靡全国，中国人食用香椿久已成习。以前都是在春天采摘香椿树上刚长出来的嫩叶食用，而现在多直接食用香椿苗——也叫香椿芽苗菜，就是将当年的香椿种子人工催芽萌发后长出来的幼嫩小苗。像椿芽这样尚未成熟便采收食用的蔬

香椿

菜，不仅美味可口，营养丰富，而且具有食疗作用，具有很高的市场价值。这类蔬菜在国外早已非常流行，并且还有了一个非常形象的名字——microgreen（国内常译为"微型蔬菜""微型绿色植物"等），常被高档餐厅用来提升菜品（如沙拉、汤品、三明治等）的色、香、味。

与长大成熟的植物相比，这些微型蔬菜堪称植物界的"小人国"。那么微型蔬菜好吃吗？体积变小之后口感发生了哪些变化呢？前文提到，微型蔬菜多是种子直接萌发出的幼苗。而种子中储存的养分经过代谢，转化成快速生长的幼苗的营养物质，而且这时植物中用于支撑结构、抵御虫害疾病的化学防御机制通常还处于关闭状态。因此这样的蔬菜在口感上往往会比成熟的蔬菜更胜一筹，而且种子萌发过程中独特的代谢过程也使得这时的植物富含营养、味道独特，加上色彩丰富、外形精致，微型蔬菜在欧美等国市场上售价高昂。研究表明微型蔬菜的维生素、胡萝卜素等含量均显著高于成熟蔬菜，有些微型蔬菜还含有特殊的营养成分，比如枸杞芽菜富含芸香苷和肌苷。此外，微型蔬菜因为培养方式的关系，较易达到绿色食品的标准。因为它主要依靠种子贮存的养分生长，一般不必施肥，只要保证温度和水分供应即可生长。且由于生长周期短，萌芽后

7—14天即可采收，一般不必施加农药，只要保证栽培环境清洁即可免受污染。

又好吃又讨巧的微型蔬菜是怎么种出来的呢？微型蔬菜种植通常有几个特点，如所需空间小、生长期短等。以香椿芽苗菜为例。取当年的香椿种子，在湿润状态下保持温度在25—30℃，经过3—4天的萌发，然后均匀地撒播在培养基质上，用喷雾器喷水保持湿润，在20℃左右培养2周，等香椿芽苗的下胚轴达到10厘米以上，子叶展开，还未出现木质化的时候，就可以采收鲜嫩且风味独特的香椿芽苗菜了。这种种植蔬菜的方式得到了谷歌公司的青睐，该公司专门打造了一个叫"绿叶机器"的项目，在集装箱内种植蔬菜，一个箱子可以种上百种蔬菜，3周成熟，可供谷歌总部的所有工作人员食用1周。

微型蔬菜不只方便人们在地球上的生活，与人类遨游太空的梦想也息息相关。在载人航天的过程中，须要为宇航员提供氧气、水和食物。这些生命保障物资，目前只能随航天器一起发射，或由货运航天器从地球运载到航天器进行再补给，废物经处理后运回地球。美国和苏联这两个世界上最早具备载人航天能力的国家，率先提出了"再生式生态生命保障系统"的概念，希望通过藻类或高等植物的光合作用为宇航员供氧，同时提供食物，以此解决载人航天的长期生命保障问题。1966
年，美国宇航局首次召开关于闭合生态系统的研讨会，提出通
过对组成系统的生物种类进行筛选组合，研究生物之间的物质
流动和能量代谢关系。其中藻类或植物培养技术非常关键，可
实现光能利用基础上氧气和水的再生、食物的生产及废物的处
理。闭合生态系统的终极目标是建立可靠、可持续运行的工程
系统，以保证气体循环，食物与水再生，维持宇航人员的生命
和健康。此后十多年人们重点研究如何利用微藻净化空气，但
却发现微藻最主要的问题是无法提供充足、稳定的食物来源，
于是才转向对高等植物的研究，并在国际空间站进行了一系列
实验。

我国神舟系列飞船和天宫一号的航天员生命保障系统，采
用的是我国研制的第一代生保系统。食品、水、氧气等维持航
天员生命的物资全靠携带。到2020年建立空间站后，我国将采
用第二代生保系统，宇航员所需的氧气由水电解产生，而水则
通过人体排出的液体及呼出的水蒸气转化补充。中国航天员训
练中心受控生态生保系统集成实验平台于2011年建成，这是
我国第三代生保系统。在探索研究中，科学家意识到种植有种
子的蔬菜对于火星探索等长期太空计划十分重要，因为在与地

球没有联系的情况下宇航员唯有"自己动手，丰衣足食"。在2012年底的一项实验中，科学家在密闭试验舱内种植了培养面积为36平方米的生菜、莜麦菜、紫背天葵、苦菊4种可食用蔬菜，发现可以为2名试乘员提供足够的呼吸用氧，并吸收他们呼出的二氧化碳，还能保证每人每餐30—50克的新鲜蔬菜供应。

太空舱的空间十分有限，在这样宝贵的空间内构建生命保障系统，必须选择最适合的植物。这时候，微缩蔬菜就进入了宇航生物学家的视野。相比普通植物，微缩植物大幅提高了单位体积内可用于光合作用的面积，提供了更高的物质流动速度，从而提高了生命保障能力。例如，Micro-Tom是一个由以色列科学家育成的番茄微缩品种，保留了普通番茄的植株特点，但株高从2米矮化到了仅10—20厘米，主要器官均等比例缩小。其果实比普通番茄显著减小，直径仅1—2厘米。研究表明，即使在1400株每平方米的高密度下，Micro-Tom植株仍能开花结果，通常情况下种植密度可以保持在100—200株每平方米。而且，由于植株矮小，可多层立体种植，单位体积可容纳更多植株，从而提供远远多于普通番茄的光合面积。

面对人类发展过程中日益严峻的健康、环境、能源和粮食等重大问题，中国作为最大的发展中国家备感压力。而空间光能利用与空间生态生命保障系统的研究，不但可以解决长期载人航天和外星拓殖所面临的生命保障问题，还可以探索如何充分利用极地、荒漠等地球极端环境资源。到那个时候，能够更好利用空间环境的微缩蔬菜，必将得到科学家更多的青睐，发挥出更大的作用。蔬菜"小人国"，心怀大梦想！

润物细无声

改变动植物与微生物遗传信息的生物技术，是生命科学重要的前沿领域，被誉为20世纪人类最杰出的科技进步之一。利用生物技术获得因遗传信息被修改而表现出更佳性状的作物固然重要，通过技术方法拓展作物适应空间，更好地利用自然资源也同样重要。例如，干旱一直是制约农业生产的因素，在我国，沙漠戈壁（指地面被沙滩、沙丘或岩石覆盖的地区）总面积超过了100万平方千米，因为降雨稀少，空气干燥，植物难以生长，似乎根本没有办法进行农业生产。这样的土地资源是不是就只能白白浪费呢？让我们把目光投向有"沙漠之国"之称的以色列，看看这个农业发达的西亚国家，是怎样用行动告诉我们农业活跃的"沙漠绿洲"是可以用技术方法实现的。

以色列地处地中海东南沿岸，年平均降雨量不足180毫米，

柑橘标本图

人均淡水资源占有量不足400立方米，远远低于8800立方米的世界平均值。以色列是全球水资源最为贫乏的国家之一，据说那里的淡水曾经比牛奶还贵。以色列是个不折不扣的"沙漠之国"，沙漠占了国土面积的三分之二，加之耕地面积又少，100多年前美国著名作家马克·吐温就称这里"荒凉，贫瘠，没有希望"。时至今日，以色列却创造了世界农业奇迹：大片的沙漠变成了良田沃野，沙漠地区占用了全国5%的农业从业人员，却提供了全国90%以上的食物。由沙漠地区生产的农产品大量出口，供不应求，占据了欧洲瓜果蔬菜市场40%的份额，被誉为"欧洲的果篮"。以色列自然资源极其匮乏，却拥有极其发达的现代农业，对比如此强烈！以色列究竟用什么方法将沙漠变成了瓜果满棚、姹紫嫣红的良田呢？

"好雨知时节，当春乃发生。随风潜入夜，润物细无声。"杜甫这首脍炙人口的诗歌，不仅描写了春雨来临的景象，也道出了以色列沙漠农业的秘诀：完善的滴灌技术。滴灌（drip irrigation）是利用塑料或金属管道将水运送到植株附近，然后通过直径约1厘米的滴头，精准输送到作物根部进行局部灌溉的技术。这项技术避免水分浪费在输送途中或者与作物生长无关的土壤里，是目前公认的干旱缺水地区最有效的一种节水灌溉方式。这项技术世界上很多地方都有应用，以色列的滴灌系统与别的地方又有什么不同呢？

　　干旱缺水是以色列农业生产的大敌，因此"节约每一滴水""给植物灌水，而不是给土壤灌水"成了以色列农业的重要准则。这首先反映在发达的滴灌系统上。在以色列，无论是田间地头、果林菜园，还是城市绿地公园，甚至是路边的每一棵树都用上了滴灌。可以说，整个以色列的农业就是建立在密如蛛网的滴灌系统之上的。以色列的滴灌技术跟他处的滴灌也有所不同。在那里的很多地方，管线不是铺设在地面，而是埋在50厘米深的地下，这就是以色列常见的地下滴灌。滴灌能把水的利用率大幅提升到80％，而地下滴灌却能提升到95％以上，基本上实现对水肥的不浪费利用。以色列的滴灌系统普遍由电脑控制，辅以比他处更多的检测土壤情况的传感器。依靠各种传感器传回的土壤数据，决定何时浇水、浇多少水，在绝不浪费水肥资源的同时也更好地满足了作物生长的实时需要。同时，为防止喷嘴被植物根系堵塞，喷嘴周围精确涂抹了抑制根系生长的药剂，保证出水持续顺畅。而且在喷水系统中还平行布置一个充气系统，灌溉完毕后马上充气防堵以免水分流失。正是这些与众不同的滴灌技术，极大缓解了以色列的水资

不同类型的芸香科果实

源危机。以色列自建国以来，农业生产增长了12倍，但单位面积土地用水量却保持不变，成为突破资源限制发展现代农业的成功范例。以地下滴灌为代表的科学灌溉技术功不可没。

除了改进滴灌技术，充分利用水肥资源，以色列沙漠农业的高度发达也得益于良好的科研体系。在这里有被誉为"农学家的摇篮"的高等学府，汇聚了以色列顶尖的农业科研人员，为实现农业现代化提供了强有力的人才智力支撑。这些科研人员利用杂交、植物工程、遗传工程和基因改造等科技手段，坚持不懈地针对性改良蔬菜、瓜果、花卉适应干旱的品质，培育适应沙漠生存环境与滴灌种植的新品种。如色泽更艳丽的西红柿、可调控个体大小的无籽西瓜、新品种花卉、纤维更长的棉花、被誉为"甜酸类水果种植的一场革命"的矮秆柑橘新品种等。而且这些农产品还具有便于储存、便于运输、保质期长等一系列优点。正是这些低耗水、高产出新品种，使得滴灌的效益得到更为充分的体现，这也是以色列沙漠农业实现高效益的关键原因。

以色列从建国之初每个农民可以养活15人，发展到现在一个农民能够养活400人。这是沙漠农业成功的典范，也是大自然对重视科学技术、勇于开拓的人们的慷慨回馈。我国也是个水资源匮乏的国家，人均耕地面积少，地理气候具有多样性。我们如何借鉴以色列沙漠农业的成功之处呢？对于农业生产这种关乎国家繁荣、人民福祉的大事，我们应当有长远眼光，舍得在基础设施上投入，例如在西北干旱地区大力推广滴灌技术，做到节约每一滴水，合理利用每一寸耕地。同时还要加快科技人才的培养，为科技强国提供人才保障，以科学手段研究出最适合水资源匮乏地区的高品质农作物。他山之石，可以攻玉，通过对世界先进科学技术和成功范例的学习借鉴，我国定能在农业技术变革的道路上高歌猛进。既然以色列的沙漠能够开出美丽的花朵，神州的戈壁也将结满丰硕的果实！

百毒不侵

　　金庸的武侠小说《天龙八部》中有个有趣的情节，主人公段誉在逃脱无量剑派拘禁的过程中，意外服食了"莽牯朱蛤"，自此百毒不侵，虽然江湖险恶却再也无须忧心毒物伤害。我们都知道，农作物从播种、生长至收获，经常受到有害生物（如植物病原、害虫、杂草等）的危害，从而影响产量和质量，导致农业生产的重大损失。更为严重的是，病虫害不但伤害受感染的植株，病原物还能通过种子、病体残枝等传染给下一代作物。例如，在我国香蕉种植中，宿根蕉园的束顶病发病率都在10％以上，严重的超过40％，这些蕉园里通过球茎繁殖方式得到的芽苗，已不具有种植价值。那么，有没有办法让农作物变得"百毒不侵"呢？经过科学家们的集思广益，这个目标在多种作物中已经实现。

草莓

科学家们的思路是这样的。细胞是构成机体的基本单元。在染病的植物个体中，如果可以分离出没有被感染的细胞，或者通过消毒获得干净的细胞，然后通过克隆技术，使得这些细胞重新生成一个完整的个体，这样就可以源源不断地获得健康的脱毒植株。这一策略的成功，依赖于植物不同于动物的一个特性，即植物细胞全能性。我们知道，一个个体的全部细胞都是从受精卵经过细胞分裂产生的。受精卵是一个特殊的细胞，具有特定物种的全部遗传信息。动物细胞在发育过程中，由于受到所在器官和组织环境的束缚，一部分遗传信息被永久关闭了，不可能再次分化成其他类型的细胞。而植物细胞在发育过程中仍然保持着全部遗传信息的可用状态，一旦脱离了原来器官组织的束缚，在满足一定的激素和营养要求的情况下，就会表现出类似受精卵那样的全能性，从单个细胞长成一棵完整的植株。而在人工合成的培养基质上实现植物"再生"的实验过程，叫作组织培养。经过组织培养获得的种苗，由于全程都是在无菌试管内培养，绝对免除了真菌、细菌、病毒及害虫的侵扰。这样培育出的健康小苗用在农业生产中，在相当一段时间内都不会感染病虫害，可谓"百毒不侵"。

当然，如果在组织培养之前选择的就是染病细胞，病原物就会在组培苗中积累。因此，科学家们运用了多种方法为植物细胞做清洁，常用的方法包括茎尖培养和花药培养等。以下我们以草莓茎尖脱病毒培养为例来做说明。草莓是广受欢迎的一种水果，可我们食用的并不是这种植物的果实部分，而是它的花托。鲜红可爱的草莓可食用部分是由花托膨大形成的，外表面那些像小芝麻一样的颗粒才是真正的果实。目前，草莓生产多是通过组织培养进行的。在无菌条件下取草莓苗的茎尖组织——因为茎尖组织中有不停分裂的细胞团（茎尖分生组织），越年轻的植物细胞所含的病毒越少，茎尖分生细胞几乎不含病毒——通过组织培养手段诱导分生细胞团生出幼芽。幼芽长大后会长出很多小芽，然后将顶芽下面的腋芽取下，再通过组织培养得到更多的幼苗。将幼苗分开培养在人工培养基上，待到幼苗长成生根的单株，就基本完成了实验室培养阶段，得到了脱毒的干净草莓植株，再移栽到田间大棚使其进一步成长即可。

　　如果不使用茎尖分生组织这种天然不含病毒的部分进行繁殖，而要使用其他部位的细胞，就须要进行额外的脱毒处理。植物病毒由简单核酸基因和蛋白质外壳构成，常温下可以劫持宿主细胞的能量和生化过程而繁殖。但在37—40 ℃的较高温度下，植物病毒在宿主体内的自我繁殖速度就会变慢甚至停止，很容易被细胞的代谢过程所清理。早在20世纪60年代植物学家就开始使用这种"热疗法"获得草莓无病毒植株，然后使用新发茎的梢尖进行扦插，长根成活后就又是一棵干干净净的无毒草莓种苗了。须要注意的是，植物的组织细胞对温度也是很敏感的。若热处理时没有精确控制温度，过高的温度下病毒固然杀灭了，植物组织细胞也一并杀死了。因此，应当采用温度梯度进行实验，针对特定的植物尝试不同的温度和不同的处理时间，对比获得最适合的处理条件。由于高温不便于控制，因此科学家们又想到了低温处理，即将要脱毒的植物组织长时间暴露在低温下处理。这种低温疗法的脱毒率很高，依靠这种方法已经成功从大量的植物品种中，包括马铃薯、甘薯、葡萄、柑橘、覆盆子、香蕉等，获得脱毒植物并投入生产应用。

组培苗在生产上具有很多优势。首先，由于组培苗的生产是在严格的无菌条件下进行的，脱除本身携带的病毒后，不会再被其他病原体感染。其次，组织培养采用的是精细标准化的生产流程，不会受到环境因素波动的影响，保证了优良品种的稳定性；而且组培种苗生长周期整齐，成熟一致，采收集中，方便管理和销售。最后，工厂化生产的组培苗是按几何级数增长的，繁育速度快，且一旦确定选用的良种，就可应用组培技术进行大规模生产，在节省人力的同时，还能在短期内提供大量优质种苗，形成商品市场——这是传统的种苗生产很难实现的。

随着国家经济的快速发展，生活水平的日益提高，除了对营养丰富的食物有需求外，人们也将目光投向了令人赏心悦目的鲜花。2017年我国花卉生产总面积超过137万公顷，销售总额1470多亿元。这些缤纷艳丽的鲜花，很多也是依靠植物组织培养的脱毒苗大规模繁育的。事实上，世界上第一株经过脱毒的植物，就是大丽花，由法国科学家莫勒尔（Morel）于1952年培养获得。目前花卉生产中使用最广泛的是茎尖脱毒技术。与草莓一样，花卉也只是根尖和茎尖区域积累的病毒最少，尤其是最尖端的部位，几乎是不存在病毒的。常见于花卉的黄叶病、枯萎病的病毒就是借由茎尖培养脱毒技术脱除的，采用的也多是上面介绍的热处理脱毒法。例如，百合珠芽只要经热水处理40分钟，再培养30个小时，脱毒率就能够达到100％。除了农作物和鲜花，我国还将植物脱毒技术应用在林木、生姜及一些珍贵的中药材植物上，取得了巨大的经济效益和社会效益。随着我国现代农业科技的不断发展，改善植物繁殖的各项技术必将取得更大进步。

植物工厂

　　2019年春节期间上映的科幻电影《流浪地球》，描述的是太阳极速老化，即将吞没包括地球在内的整个太阳系，人类为了自救，启动了一个名为"流浪地球"的计划，倾全人类之力建造行星发动机，推动地球离开太阳系，奔赴另外一个栖息之地。由于地球表面温度降低，万物凋敝，人类只能生活在地表5000米以下的地下城。那里没有阳光，土壤稀少，然而却依靠植物工厂（plant factory）生产的食物，维持了地下城中30多亿人的生活。

　　那么，电影中出现的地下城植物工厂，是源于天马行空的想象还是严密的科学推理呢？其实，"植物工厂"的概念由来已久，最早由日本科学家提出。人们设想通过搭建封闭设施将植物生长空间与大自然隔离开来，依靠电子传感系统、计算机

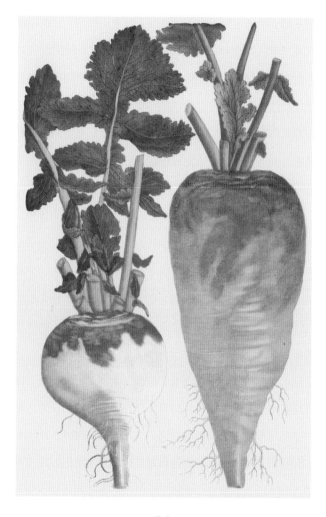

萝卜

控制及精密供给设施,实现对温度、湿度、光照、二氧化碳浓度以及营养液等植物生长环境条件的高精度自动控制。这样,设施内的植物因为生长发育不受自然环境的影响和制约,而能够连续高效生产。根据这种设想,全世界范围内的科学家进行了一系列研究和实验,依靠现代生物技术、环境控制、材料科学和物联网等多种学科的集成创新,已经建成了许多不同类型的植物工厂,并实现了部分农产品的工业化生产。

相比传统的田间种植,植物工厂拥有多种突出的优势。在生产效率方面,作为一种室内生产方式,植物工厂突破了自然条件对传统农业的制约,具有稳定的全天候生产能力,并且可以极大缩短农产品的生长周期。在空间利用方面,现代植物工厂往往搭建几层甚至十几层生长平台,多层堆叠、立体种植的方式极大提高了空间使用效率,降低了环境控制成本。而且植物工厂可以建设在荒漠、戈壁、海岛、水面、废弃厂房、城市闲置建筑等处,一方面极大拓展了作物生产地,另一方面缩短了农产品与消费者之间的物流链。在环境影响方面,由于精准控制和封闭管理,植物工厂培育蔬菜的耗水量极低,比田间种植节水90%以上。而且,植物工厂的生产不使用或很少使用农药,不但保证农产品绿色安全,还能实现几乎零排放,环境污染小。在生产效率方面，物联网和自动控制使得植物工厂的种植高度标准化，有效降低了人力成本。这些优势，使得植物工厂被认为是21世纪解决人类人口、资源、环境等矛盾的重要途径之一。

近年来，我国植物工厂的发展也非常迅速。据不完全统计，目前我国已建成各类植物工厂150多家，其中由中国科学院植物研究所和福建三安集团于2016年在我国福建省联合建成的植物工厂，是全球栽培面积最大的全人工光型植物工厂。下面让我们一起对这家植物工厂来一场说走就走的虚拟观光。在进入厂房前，为避免将污染源带入，首先要穿上复杂的防护服。然后通过消毒间，踏过消毒水池，进入生产车间。这时，我们就置身于栽培架上静静生长的蔬菜面前了。这家植物工厂目前已经实现了30多种蔬菜的量产，包括生菜、芹菜、苋菜、樱桃萝卜等。

蔬菜的上方有许许多多闪亮的晶片，这些都是能将电能直接转化为光的新型节能灯，简称LED灯。光是植物生长的能量源泉，植物通过光合作用，将太阳能转化为化学能储存在体内。光是由不同波长的电磁波组成的，而植物并不能吸收所有的光，蓝光和红光是植物的最爱。因此植物工厂中的

櫻桃

LED灯光源是将红光和蓝光按照一定配比特别制成的，能够更加高效地满足植物的生长需求。仔细观察蔬菜的底部，我们发现它们并不是生长在土壤中，而是在营养液里，轻轻一提，它们的根系便会从营养液中冒出来。营养液给蔬菜提供水分和生长所需的各种营养元素，如氮、磷、钾等大量元素和锌、铁、锰等微量元素。种植人员会根据植物所处的生长阶段配制相应的营养液，通过自动化运输管道系统循环输送，满足不同阶段植物对养分的需求。为了让蔬菜健康生长，生产车间里还安装了高精度环境控制系统，通过传感器对温度、湿度、光照、二氧化碳浓度以及营养液等进行实时监测。相应的数据会传递到中枢控制系统，由计算机进行分析并根据预设程序自动调节这些环境参数，从而保障蔬菜的连续高效种植生产。

在这样高效有序的植物工厂中，没有土壤，没有阳光，也没有污染和病虫害，不需要任何农药，蔬菜的生长几乎不受自然条件的制约，不到一个月就可以采摘包装，进入超市，摆上百姓的餐桌。另外，针对有特殊需求的人群，植物工厂还提供定制化生产。比如，肾脏病患者须要严格控制钾的摄入量，植物工厂可以通过对生产环境的精确调控，为他们提供低钾含量的蔬菜。

当然，目前的植物工厂还存在一些局限。相较于传统的田间种植，植物工厂初期投入大，设备昂贵，能源成本高，因而生产的蔬菜价格不菲。另外，植物工厂的栽培技术还有待完善，目前可供生产的农作物种类和品种还比较有限。而且，植物工厂同其他的精密工厂一样，对人力资源要求较高。在这些问题当中，短期内还无法解决的是能源成本问题。只有在发电技术方面取得突破，例如实现核电站小型化，才能有效降低植物工厂的能耗问题，使这种生产方式更好地造福人类。

与《流浪地球》地下城中的植物工厂相对应，在电影《火星救援》中，流落火星的主人公通过在密闭舱中种植土豆，坚持到了救援人员前来救援。这虽然是科幻情节，但也描绘了未来植物工厂在人类遨游星辰大海的征途中的一个可能的应用场景。2016年10月，我国神舟十一号载人飞船发射升空，与天宫二号成功对接，开始了我国在太空种植生菜的尝试。物联网、大数据、人工智能以及云计算等技术将促进植物工厂的进一步智能化发展，甚至出现完全由机器人负责的植物工厂。到那时，上九天揽月、下五洋捉鳖的科幻场景或将成为现实。

图书在版编目(CIP)数据

植物与食物/邓兴旺主编.—北京:商务印书馆,
2019(2021.9重印)

ISBN 978-7-100-17690-3

Ⅰ.①植… Ⅱ.①邓… Ⅲ.①植物—普及读物
②食品—普及读物 Ⅳ.①Q94-49 ②TS2-49

中国版本图书馆 CIP 数据核字(2019)第 151519 号

植物与食物

邓兴旺　主编

商 务 印 书 馆 出 版
(北京王府井大街 36 号　邮政编码 100710)
商 务 印 书 馆 发 行
雅迪云印(天津)科技有限公司印刷
ISBN 978-7-100-17690-3

2020 年 6 月第 1 版　　开本 889×1194　1/32
2021 年 9 月第 2 次印刷　　印张 9⅝
定价:69.00 元